永远不要羡慕别人 你自己就是最美的风景

夏沫 / 编著

中国商业出版社

图书在版编目（CIP）数据

永远不要羡慕别人，你自己就是最美的风景 / 夏沫编著 .—北京：中国商业出版社，2015.7

ISBN 978-7-5044-9013-1

Ⅰ. ①永⋯ Ⅱ. ①夏⋯ Ⅲ. ①人生哲学—通俗读物 Ⅳ. ① B821-49

中国版本图书馆 CIP 数据核字（2015）第 135214 号

责任编辑：朱丽丽

中国商业出版社出版发行
010-63180647 www.c-cbook.com
（100053 北京广安门内报国寺1号）
新华书店总店北京发行所经销
北京毅峰迅捷印刷有限公司印刷
*
710×1000毫米 16开 14印张 200千字
2015年8月第1版 2015年8月第1次印刷
定价：32.00元
* * * *
（如有印装质量问题可更换）

前 言

在这个世界上，没有人是不羡慕别人的。穷人羡慕富人，士兵羡慕将军，丑女羡慕美女，残疾人羡慕健康人，失败者羡慕成功者，普通人羡慕明星，打工仔羡慕老板，名落孙山者羡慕金榜题名者……羡慕别人，似乎是人类的一种共性。

不过，我们显然忽略了重要的一点：别人拥有的可能是你梦寐以求而得不到的，你具备的也许正是别人羡慕却望尘莫及的。小孩子仰慕大人的成熟稳重，大人也会顾念小孩子的清纯率真；女孩子羡慕男孩子坚强豪放，男孩子也会偷偷羡慕女孩子的娇嗔灵动；普通人羡慕名人的卓越尊显，名人又何尝不羡慕普通人的平凡自适……

事实上，我们每个人都有令人羡慕的东西，也有令自己缺憾的东西，没有一个人能拥有世界的全部。正如卞之琳所说：你站在桥上看风景，看风景的人在楼上看你，明月装饰了你的窗子，你装饰了别人的梦。与其羡慕别人，不如欣赏自己。哪怕是失败的经历、肤浅的想法、无奈的伤感，甚至是悲痛的追悔、悄无声息的平凡。当你蓦然回首时，这一切都会变成永久的人生积淀和生命印迹，美好真挚，深切感人。

其实，我们生活的这个世界本来就五彩缤纷，每个人的生活都是不同的，我们只是选择了其中的一种而已，既然选择了，就要认认真真地完成。在大千世界中，我们只是芸芸众生中的一个，不是他，也不是你，我们始终只是我们自己，茫茫人海中的惟一的自己。因此，对于他人的成功，我们可以欣赏，但不必羡慕。欣赏，可以让我们积蓄大量的精力、时间、智慧去营造属于自己的空间，这样会充满着向上的动力，既可以取得事业上的成功，又能感受到生活的愉悦。不羡慕，就是要洒脱和不甘于落后，给予他人真挚的祝福，对自己充满着必胜的信心，这才是一个人最优美的姿态。

是蔷薇，就不要强求自己成为玫瑰；是麻雀，就不要强求自己成为鸿雁。不管是有人把自己抬得很高，还是把自己贬得很低，我们都要记住：自己究竟怎样、价值几何，完全取决于我们用什么样的眼光看待自己。所以，大可不必因为自己或寻常的外貌、或普通的资质、或平凡的工作、或一般的业绩而悲伤和叹息，只要留神一点，就可以发现自己拥有不少美好品质——也许很善良，也许很诚实，也许很正直……不管怎么说，我们每个人都是这个世界上独一无二的。卢梭曾说过：“我不是卓越的，但我是与众不同的。”这就够了。

亲爱的朋友，愿此书会让你在自己身上看到最美的风景，当你在饭前茶后，睡前晨起拿起它的时候，能使你在淡淡的哲思中获得感悟和真知，就是我们最大的安慰。

正视自己，不去仰望，也许虽无大悦，可也自在自得、芬芳身心、恬静自我。

目 录

01　你就是你，颜色不一样的烟火

模式化人生里没有你要的幸福 / 3

宁愿胖得有个性，也不要瘦得雷同 / 6

不要拿别人的标准来衡量自己 / 10

你应该骄傲，为世界上惟一的一个你 / 13

不要因为任何人而改变你自己 / 16

最重要是活出自己的价值 / 20

摘下面具，做真实的自己 / 23

02　你已经够好了

自己不看轻自己，就没人觉得你卑微 / 29

上帝不会把一切美好给同一个人 / 32

无需嫉妒他人，你已经够好了 / 35

其实，你比自己想象中更优秀 / 38

用自我欣赏找回迷失的自我 / 41
你羡慕别人时，别人也在羡慕你 / 45

03 每个平淡无奇的生命，都是一座丰富的金矿

你只是不够坚信自己 / 51
永远别跟自己的天性对着干 / 54
缺陷背后总是藏着一些令人惊奇的优点 / 58
给自己定位，不迷失在别人的成就里 / 61
唤醒你身上沉睡着的宝藏 / 64
必先付出，才会杰出 / 67

04 破碎就破碎，要什么完美?

人生正是因为缺憾而圆满 / 73
尽善尽美的背后是不完美 / 76
残缺，造就另一种美 / 78
平淡无奇中也有惊人的美丽 / 82
世界上没有“全能冠军” / 85
人生本不完美，知足就能常乐 / 89

05 你的时间，仅值得浪费在自己身上

你不需要活在别人的认可里 / 95
走自己的路，让别人说去吧 / 98

不要让别人的阴影笼罩你头顶 / 101
你才是自己人生的主角 / 104
不能把希望寄托在别人身上 / 107
没有人爱你的时候，自己爱自己 / 110

06 甲之蜜糖，乙之砒霜

别人的生活未必适合你 / 115
选择一条适合自己的路 / 118
守住自己的一方寸土 / 122
以别人为镜，照不出自己 / 125
用自己的方式度过自己的一生 / 128
独辟蹊径，走出自己的人生路 / 131

07 最美好的人生，不外乎顺从己意

跳出“格子”人生 / 137
做自己喜欢的工作 / 140
学会拒绝，只做自己该做的 / 143
坚持做自己认为正确的事情 / 146
请一直率性地活着 / 149
顺其自然是对生命最好的成全 / 152

08 人生不是比赛，不必执着于比较

不必羡慕别人，幸福没有可比性 / 157

把目光从别人身上收回来 / 160

与人争面子，不如自己挣面子 / 163

世界本非根据公平的原则创造 / 166

妒忌只能让你的不幸更不幸 / 169

幸福不是多拥有，而是少计较 / 172

09 天堂还是地狱，只在你一念之间

过好今天，便是过好了今生 / 177

生活做减法，幸福做加法 / 180

以一颗平常心悦纳人生百态 / 184

不必仰望高处，你自身在福中 / 187

难以无欲无求，却可穷途一笑 / 190

10 羡慕别人，不如成为别人羡慕的人

认识自己才能改变自己 / 195

每天比别人多努力一点点 / 198

世上一切都会给信念让路 / 201

临渊羡鱼，不如退而结网 / 205

有时，苦难反而会垫高自己 / 208

谦逊，才能站上新的高度 / 212

01

你就是你，颜色不一样的烟火

不必沮丧于自己的平凡，始终记得：自己与别人不一样。你就是你，一个独立的你，没有偶像，没有楷模。你有你的思想，你的灵魂，你的性格，你的路，你的人生。你就是你，一个潇洒的你，不畏人言，不畏邪恶。你想干，就拼命地干，你想玩，就尽情地玩。高兴时，洒下一串银铃般的笑声；痛苦时，也能引颈纵声悲歌！

模式化人生里没有你要的幸福

原本千姿百态、各有风貌的种种人类活动，如今仿佛都已具有了整齐划一的模式。譬如说，谈到穿着，男士一律是西装领带，女士则个个花团锦簇；谈到人际交往，就只顾相互逢迎，委婉平和；谈到美，又必然是节食减肥才可得到；据说，连如何走路，如何恋爱，如何生孩子，如何写文章也有严格的“规律”可循。一切的一切，都毫无例外地存在着“规则”、“公式”、“诀窍”或者“法门”。

但是，这真的是你想要的生活吗？

渔夫与商人

在墨西哥海岸边，一个美国商人坐在一个小渔村的码头上，看着一个墨西哥渔夫划着一艘小船靠岸，小船上有好几尾大黄鳍鲔鱼。美国商人对墨西哥渔夫捕到这么高档的鱼恭维了一番，并问他要多少时间才能捕这么多？

墨西哥渔夫说，才一会儿工夫就捕到了。美国人再问：你为什么不呆久一点，好多捕一些鱼？墨西哥渔夫觉得不以为然：这些鱼已经足够我一家人生活所需啦！美国人又问：那么你一天剩下那么多时间都在做什么？

墨西哥渔夫解释：我呀？我每天睡到自然醒，出海捕几条鱼，回来后跟孩子们玩一玩，再跟老婆睡个午觉，黄昏时晃到村子里喝点小酒，跟哥儿们玩玩吉他，我的日子过得充实又忙碌呢！

美国商人不以为然，他说：我是美国哈佛大学企管硕士，我倒是可以帮你忙！你应该每天多花一些时间去抓鱼，到时候你就有钱去买条大一点的船。自然你就可以捕更多鱼，再买更多渔船。然后你就可以拥有一个渔船队。到时候你就不必把鱼卖给鱼贩子，而是直接卖给加工厂。或者你可以自己开一家罐头工厂。如此你就可以控制整个生产、加工处理和行销。然后你可以离开这个小渔村，搬到墨西哥城，再搬到洛杉矶，最后到纽约。在那里经营你不断扩充的企业。

墨西哥渔夫问：这要花多少时间呢？

美国商人回答：十五到二十年。

墨西哥渔夫问：然后呢？

美国商人大笑着说：然后你就可以在家当皇帝啦！时机一到，你就可以宣布股票上市，把你公司的股份卖给投资大众。到时候你就发啦！你可以几亿几亿地赚钱！

墨西哥渔夫问：然后呢？

美国人说：到那个时候你就可以退休啦！你可以搬到海边的小渔村去住。每天睡到自然醒，出海随便抓几条鱼，跟孩子们玩一玩，再跟老婆睡个午觉，黄昏时，晃到村子里喝点小酒，跟哥儿们玩玩吉他喽！

墨西哥渔夫疑惑地说：我现在不就是这样了吗？

美国商人的思维模式，其实就是现代社会大多数人眼中的成功模式、幸福模式。人们默契达成的社会共识成为一把量尺，以各种刻度度量每个人的生活状态。要有一份稳定的工作，最好是公务员；要在适当的年龄领证结婚，及时生养孩子，给孩子最好的一切；要有一套房，买上一辆家用车……一切标准之外的选择很难获得社会的认可，在旁人眼里就意味着不幸福不成功，若不从众，便有被主流社会排斥在外的孤单悲凉感。

然而，模式化的幸福也许会带来些许安全感，却未必能给你带来真正的幸福感与成就感。不知道你有没有发现，所有的这些标准，都是来自他人、他物，没有一样是来自你自己的内心，是真正属于你自己的。但实际上，你的幸福恰恰来自于你的内心。如果因羡慕或者迎合别人的幸福生活而改变自己生活的意义，那样的生活还是属于自己的吗？或者，会真正幸福吗？

相信你的心里已经有了答案。菜有百味，人有百种，相对应的也该是百花齐放的人生，稳定却略有乏味的标准化幸福不可能适合每个人。一旦进入名为“幸福”的模具里，性情被磨平，才华被压制，自然会在心理上产生反弹，故而焦虑和苦闷情绪弥漫在看似风光却内心苦涩的人群中。所以，千万别被标准化的“幸福”绑架了自己的人生，每个人自由发展，尽展才情，才是一个开放多元社会的良性发展态势。

找到你自己的生活方式

不管你的梦想是什么，请用你自己的方式、创新的方式把它实现出来，成就完完全全属于你的志愿。无须步人后尘，无须和别人比较，从内心出发，追寻自己的梦，这就是你的生命价值。

首先，真实地投入生活。童年时候的我们，原本是有棱有角的石头。可是，经过岁月的磨砺之后，变得圆滑了。当我们将自己的人生之路走顺的时候，当我们停下脚步对自己进行反省的时候，往往会悲哀地发现，我们已经不再是以前的那个自己了，在不知不觉中，我们将真实的自我，变成了一个滑稽可笑的模仿者。这样的伪装也许情有可原，但我希望你知道：只有真实地投入生活中，找到自己喜欢做的事情，找到能让自己开心的事情，即使苦中作乐，也是乐的。

其次，必要时装聋作哑。人会迷失自我，常常是因为受到周围信息的暗示，并把他人的言行作为自己行动的参照。所以，要想活出自己的方式，你需要学会在必要时装聋作哑。正如德国诗人歌德曾说：“每个人都应该坚持走为自己开辟的道路，不被流言所吓倒，不受他人的观点所牵制。”必要时学会装聋作哑，正是为了避免你为流言所困扰，任凭路边的狂风吹个不停，任凭枝头的鹦鹉叫个不停，只管昂首阔步、面带微笑地赶你的路。

最后，要懂得珍惜眼前的生活。一旦选择了就不要后悔，要充分享受生活，不要等到错过了才明白自己到底想要什么。要知道人生有限，生命弥足珍贵，所以要把握现在，珍惜眼前的幸福，只有这样才能更好地畅享人生。

宁愿胖得有个性，也不要瘦得雷同

每个人都有自己的特点和个性，这是真实的本色，真实的自我应该是你和别人相处时展示出的基本姿态。正如艾默生在他的短文《自我信赖》中说过：一个人总有一天会明白，嫉妒是无用的，而模仿他人无异于自杀。因为不论好坏，人只有自己才能帮助自己，只有耕种自己的田地，才能收获自家玉米。上天赋予你的能力是独一无二的，只有当你自己努力尝试和运用时，才知道这份能力到底是什么。

索菲亚·罗兰的鼻子

索菲亚·罗兰为了实现自己的演员梦想，16 岁时只身来到了罗马。不过，入耳的却全是一些诸如个子太高、臀部太宽、鼻子太长、嘴巴太大等非议，说她没有一点做演员的条件。

好在还是有一位制片商看中了她。不过，看中了她并不代表她的事业一帆风顺，索菲亚·罗兰去试了许多次镜，但摄影师都抱怨无法把她拍得更美艳动人。制片商听到了摄影师的抱怨，找到了索菲亚·罗兰并对她说："索菲亚，如果你真想干这一行，我建议你把你的鼻子和臀部'动一动'，做一次整容手术，那样就会更好些。"

索菲亚·罗兰知道这是一次千载难逢的机会，换做其他人一定会按照制片商的说法去做，但是她却断然拒绝了制片商的要求。她说："对不起，我不能这样做，我就是我自己，只有做好了自己，我才能向别人学习，这是我的原则。虽然我的鼻子太长，但它是我脸庞的中心，它赋予了我脸庞独特个性，我很喜欢它。至于别人怎么说，我无法改变，因为嘴长在他们的脸上。我只要坚持我的原则就够了。"

虽然很多议论对索菲亚·罗兰很不利，但她没有因为别人的议论而停下自己奋斗的脚步，反而越挫越勇。从 17 岁正式进入电影界，她一生拍了 100 多部影片。索菲亚·罗兰的演技达到了炉火纯青的程度，得到了观众的认可。在 1961 年，她获得了"奥斯卡最佳女演员奖"，成了世界著名影星。同时，她刚出道时遭到的那些诸如鼻子长、嘴巴大、臀部宽等议论也都不见了，她得到了更多的好评，以前的缺点反而成为后来评选美女的标准。20 世纪末，索菲亚·罗兰已经 60 多岁了，但是，她仍然被评为当时"最美丽的女性"之一。

当后来有人问起索菲亚·罗兰的成功时，她是这样回答的："我谁也不模仿。我不奴隶似地跟着时尚走。我只要做我自己。当你把自己独特的一面展示给别人的时候，魅力也就随之而来了。”

不仅仅是索菲亚·罗兰，其实许多明星能够成名，都有一个共同点，就是都保有自己的特色。因此才有了成熟的刘嘉玲、性感的钟丽缇、娇媚的林志玲、绝色的张曼玉、精致的李嘉欣、叛逆的莫文蔚、知性的陈鲁豫，以及从容的徐静蕾、伶俐的小S和百变的舒淇等等。

然而，我们常常发现身边有一部分人总是刻意去模仿别人。听别人经常说几句口头禅，自己也学着说，不管别人嘴里的口头禅是否符合自己的身份或习惯；见别人穿什么样的衣服，自己也赶紧去买来穿，全然不顾自己的身材、肤色是否适合。“东施效颦”的故事就是很好的例证。丑女东施只知道西施皱眉的样子很美，却不知道她为什么美，就去简单模仿她的样子，结果被人讥笑。现实生活中，我们每个人都应根据自己的特点，扬长避短，智慧地做事，不加分析盲目机械地模仿别人，只能成为大家的笑柄。

其实，名人也罢，普通人也罢，在这个世界上，每个人都是不一样的，成功的人与不成功的人，都拥有着自己天生的长处和特质，也拥有着他人不可比拟的优势。因此，我们有理由保持自己的本色。卢梭说得好：“大自然塑造了我，然后把模子打碎了。”你也许能把很多的事做到完美，但是你仍然不能代替他人。同样的道理，别人也永远无法代替你。事实上，有些人能取得成功，正是因为他们敢于做真实的自己，走自己的路。不管在所选择的路上，与自己相伴的是热闹，或是冷清，或是寂寞，或是快乐，他们仍然走在路上。他们有一种永不言败的精神和一种不断努力奋斗的勇气。他们也懂得经营自己的人生，为自己的梦想而打拼，因此才活出了真正的精彩。所以，我们大可不必去模仿他人。其实许多人之所以失败，就是因为他们都在模仿自己心目中的那些成功人士，并且在模仿的过程中迷失了自己，忘记了真实的自己，忽略了自己的优势。人生最重要的就是做真实的自己。当你在不断地寻找自己、定位自己、调整自己的过程中，找到自己的优势时，你就找到了打开通向成功之门的钥匙。

因此，生活当中，我们不该再浪费一秒钟，去忧虑我们与其他人不同的地方，或去模仿他们，我们应该好好利用自身的潜力，活出自己的风采，做自己想做的事。不要随意听取别人的意见去模仿他人，要坚持“我就是我”的原则，只有这样，才能获得成功，才能活得更加精彩。

接纳自己

模仿别人透露出不自信。模仿他人的优点替换自己本色的念头，更是错误而愚蠢、辛苦却又得不偿失的。如果你不想失去自我，就一定要学会接纳自己。

首先，要正视自己的缺点。不论自认为有多少缺点和不足，做了多少傻事、坏事或蠢事，从现在起，都停止对自己的挑剔和责备，要学习为自己辩护，维护生命的尊严和价值。如果一个人能够正视并且接纳自己的弱点，那就意味着他不但正确地认识到了自身的局限性，同时也停止了对自己的不满和批判。这可以使自己不把时间浪费在自责和沮丧上，而是集中精力去发掘自己的优势，或者增强自身的能力，这样就可以少走弯路。

其次，正视自己的负面情绪。我们每个人都或多或少有一定的负面情绪，如：嫉妒、恐惧、紧张、生气、愤怒……如果产生了负面情绪，不要去压抑、否认或掩饰它，更不要责备自己，苛求自己。要先坦然地承认并且接纳自己的负性情绪，不论它是沮丧、愤怒、焦虑还是敌意，然后再想办法解决引起负面情绪的问题。

再次，无条件地接纳自己。我们提倡的无条件地接纳自己就是不管外表如何——美丽，平凡，甚至是丑陋；不管能力如何——过人，平庸还是低人一等；不管性格如何被人喜欢，不被人喜欢，等等，这些都是我们的一部分，所有这些构成了一个这样独特的我。我就是这样的一个人，我接受这样的自己，不带批判，没有是非对错。

用一句网络上流行的话说就是“宁愿胖得个性，也不要瘦得雷同”，全面地认识自己、真诚地接纳自己，你就会发现，自己好像突然变得美丽、自信起来，周围的一切也更加清晰，原来我的身上有那么多可爱之处。爱自己、爱生活、爱身边美好的事物，你的世界从此与众不同！

不要拿别人的标准来衡量自己

每个人都是不同的，这就注定每个人的人生都将是不同的。可总是有些人习惯拿别人的标准来衡量自己，看见别人某方面比自己强，心理就会不平衡，嫉妒，进而对自己提出各种苛刻的要求，殊不知这种要求不但不会使自己变得优秀，相反还会被这种思想伤害。

一盘鳜鱼

麦克斯·威尔医师在罗斯福执政期间，曾为总统夫人的一位朋友做过一个手术。事后，总统夫人很感激他，邀请他到白宫去做客，并留他在白宫过了一夜。

麦克斯·威尔感到无比荣幸，他在心里对自己说："麦克斯，你真的来到白宫了，这是多少人梦寐以求的事情啊！"而且，当他听说他现在所在的房间隔壁，就是林肯总统曾经睡过的房间时，激动地一夜没有睡意，他不停地用白宫的文具和纸张写信给母亲、朋友……

第二天一早，当他下楼用早餐时，总统和夫人已经等在那里了。麦克斯·威尔吃着盘中的炒蛋，心里想着回去以后该如何向自己的家人和朋友描述这个美好的情景。

但是接着，问题出现了。因为仆人又送来了一托盘的鳜鱼，而他什么都吃，就是从不吃鳜鱼，因此畏惧地对着那些鳜鱼发呆。

这时，总统夫人向他微笑，指着总统先生说："他很喜欢吃鳜鱼。"麦克斯考虑了一下，心想："我是什么人？怎么能怕鳜鱼？总统都觉得好吃，我就不能觉得很好吃吗？"

于是，他装出爱吃的样子，大着胆子切着鳜鱼，并混着炒蛋一起吃下去了。结果，当天下午他就开始浑身不舒服了，一直到晚上仍然非常想呕吐。

麦克斯后来一直思索，这件事有什么意义呢？他在其著作的《心灵的慧剑》中写下了这样的感想："很简单，其实我一点也不想吃鳜鱼，而且根本也不必吃，但是我为了附和总统而背叛了自己。虽然这是件小事，很快就过去了，可是换个角度想，这不正是许多人为了成功最常碰到的陷阱之一吗？"

可见，盲目地和别人比对自己没有任何好处。其实，我们每个人都是独一无二的，上天并没有创造一个标准人，所以你也无须向别人看齐，更不要拿别人的标准来要求自己，那只会适得其反。麦克斯的痛苦也正是他的自卑带来的。

然而，现实生活中，我们也往往避不开这一"陷阱"。例如，和你成绩差不多的同学顺利考取了研究生，而你却落榜了，或者小时候与你一起玩耍的哥们儿这几年做生意发了财，而你还在拿着不痛不痒的死工资熬日子……这些事情恐怕就很难让你心平气和了吧，也许你会为了争一口气而再次加入考研大军，也许你会为了像自己小时候的玩伴一样风光地买车买房，而下海经商。你大概很少去考虑，考研到底是不是自己现在的最佳选择，下海经商是不是自己所擅长和喜欢的。

其实这时候，你只是在拿别人的标准来衡量自己。如果尝试成功了则好，一旦失败了，就会严重挫伤自己的积极性，甚至会使自己变得怨天尤人、自暴自弃。事实上，上帝并没有创造一个标准人，他使人类有个别独特之分，犹如他使每一片雪花有个别独特之分一般。不要拿“他人”的标准来衡量自己，因为你不是“他人”。同样的，他人也不该以你的标准来衡量他自己。只要你了解这个简单、明显的真理，并接受它，相信它，你的自卑感就会消失得无影无踪。

你的人生，你掌舵

人生只属于自己，一味遵循他人的思想，不敢面对自己是懦弱的表现，这样的人生是一种悲哀，我们应该成为主宰自己命运的人。

首先，不与别人攀比。不与别人攀比，就排除了外界干扰，不断完善、提升自己，你终将成为那个梦寐以求的自己。事实上，真正的成功就是自我内在的体验，而非仅仅是在外在表现上超越他人。成功不是与别人比，而是要和自己比，只要现在的你比以前的你进步了，那么对你来说就是一个成功的体现；如果明天的你比今天做得更好，那无疑又是你的一个成功。

其次，不要在意别人的眼光。那些活在别人的标准里，在别人的评判里找寻自我价值的人，大多是因为太在意别人对自己的看法。在乎别人的看法只能扰乱自己的方寸，活得沉重。只有我行我素，不为别人的目光违背自己的心意，尊重自己的生活方式，做自己真正想做的事，做自己想做的人，才会达到快乐自在的人生状态。

再次，坚持自己的信念。很多时候，为自己选择一条路并不难，难就难在刚开始就放弃，或者中途放弃。因此，要想走自己的路，就需要有毅力，需要有勇气，需要去坚持。而且还要经得起打击，耐得住寂寞，不管遇到什么样的困境，都要坚持住，不放弃。

人生和命运都是自己的收获和结果，不要用别人的标准来衡量自己，也不要用自己的标准去衡量别人，自己就是自己，没人能左右你的幸福，没人能替代你的快乐。认清自己，懂得自己，珍惜自己，才是判定自己价值的标准。

你应该骄傲，为世界上惟一的一个你

德国哲学家莱布尼茨曾经给当时的国王讲哲学，他说："世界上没有两片完全相同的树叶。"国王不相信，就让宫女们到后花园去找"两片完全相同的树叶"。结果不用说，宫女们折腾半天，一个个空手而回。别看一片小小的树叶，如果仔细考究起来，它所具有的属性是无穷多的：长短、大小、宽窄、厚薄、色彩等。其中的每一种属性都可以再细分出许多种。要想找出两片树叶，其各自属性完全吻合，显然是办不到的。树叶是这样，人更是这样。科学表明：世界上有一个跟自己完全一模一样的人的概率只有三百万亿分之一。所以，你应该为这惟一的一个你而感到骄傲。

小小的心安草

古时候，有一个国王独自到花园里散步，他看到花园里所有的花草树木都枯萎了，园中一片荒凉。

后来国王了解到：牵牛花因为叹息自己没有紫丁香那样芬芳，就病倒了；紫丁香觉得自己的花朵没有橡树的大，就羞怯地死去了；橡树由于没有松树那么高大挺拔，因此轻生厌世死了；松树又因自己不能像葡萄那样结许多果子，也死了；葡萄哀叹自己终日匍匐在架上，不能直立，不能像桃树那样开出美丽可爱的花朵，于是也死了……其余的植物也都垂头丧气，无精打采，只有最细小的心安草在茂盛地生长。

国王奇怪地问道："小小的心安草啊，别的植物全都枯萎了，为什么你这能这么勇敢乐观，毫不沮丧呢？"

小草平静地回答说："尊敬的国王，我一点也不灰心失望，因为我知道，如果国王您想要一棵橡树，或者一棵松树、一丛葡萄、一株桃树、一株牵牛花、一棵紫丁香等等，您就会叫园丁把它们种上，而我也知道您希望于我的就是要我安心做小小的心安草。"

如果我们都可以安心做一棵小小的心安草，在生活中一定会减少许多无谓的烦恼。然而，我们更多的则是在和别人做着比较，不管有意或无意，我们常常习惯于欣赏周围的人和事，却很少懂得欣赏自己，以致时常陷入望洋兴叹的无奈之中，或消极地自惭形秽，或盲目地东施效颦……

其实，在这个世界上，我们每个人都是独一无二的，我们应该充分认识到自己的价值。是蔷薇，就不要强求自己成为玫瑰；是麻雀，就不要强求自己成为鸿雁。美国一座教堂的墙上有这样一句话："这个世界上，你是独一无二的一个，你生到世上是什么，这是上帝给你的礼物；你将成为什么，这是你给上帝的礼物。"不管是有人把你抬得很高，还是有人把你贬得很低，而你自己究竟怎样、价值几何，完全取决于你用什么样的眼光看待自己。不要刻意参与无聊的比较，你就是你，是这个世界上独一无二的你！

所以，你大可不必因为自己或寻常的外貌、或普通的资质、或平凡的工作、或一般的业绩而悲伤和叹息，只要你留神一点，你就可以看到自己身上有着不少美好品质——也许你很善良，也许你很诚实，也许你很正直……不管怎么说，你是这个世界上独一无二的。卢梭曾说过："我不是卓越的，但我是与众不同的。"这就够了！

为自己鼓掌

芸芸众生，每个人都应该首先学会为自己鼓掌。卡耐基说过一段耐人寻味的话："发现你自己，你就是你。请记住，地球上没有一个同你一样的人……在这个世界上，你是一种独特的存在。你只能以自己的方式歌唱，只能以自己的方式绘画。你是你的经验、你的环境、你的遗传造就的。不论好坏与否，你只能耕耘自己的小园地；不论好坏与否，你只能在生命的乐章中奏出自己的音符。"

为自己鼓掌并不是傲视一切的孤芳自赏，也不是唯我独尊的狂妄不羁。它只是告诉我们：人的一生必须要能够经得起大风大雨，即使失败了也不要把斗志抛弃在昨天，一味地抱怨、哭泣；真正需要做的应该是去奋斗。为自己鼓掌，给自己信心与希望，进而去争取明天的胜利，明天不就是"柳暗花明又一村"吗？

为自己鼓掌，不是自我陶醉，不是自我满足。它只是教给我们：

当我们受到别人的冒犯与怠慢的时候，当我们遇到不如意不顺心事情的时候，不要只会流泪与诅咒。为自己鼓掌才能够使自己有一个良好的自我感觉，才能自信地与他人进行正常的交往，出色地发挥出自己真正的才能与潜力。

为自己鼓掌，不是盲目的骄傲自满，更非空虚的自我慰藉。它只是让我们明白：只要做好自己，我们每个人都能拥有一片明朗的天空。我们不能局限于对别人的羡慕和徒做无聊的叹息，而应更加注重了解自己的能力和潜质，从而付出努力以争取达到自己理想中的目标。

不要因为任何人而改变你自己

无论你付出了多大的努力，即便你做的近乎完美，就像你在奥运会上拿了金牌，就像你已经是世界级的明星了，也会有人不喜欢你，也会有人向你发出嘘声，甚至扔臭鸡蛋。因为每个人都有自己的喜好、自己的想法和观点，我们不能强求所有人保持统一的思想。因此，我们也完全没有必要因为任何人而改变自己。

画家和他的画

有一位画家，他一直想画出一幅人人见了都喜欢的画。

于是，当他把画画好后，就拿到市场上去展出了，画旁还附上了一条说明："每一位观赏者，如果觉得此画有欠佳之笔，均可在画中做记号。"并在画的旁边放了一支笔。

可是晚上当画家去取画时，却非常不快，对这次尝试深感失望。因为他发现，整个画面都涂满了记号——没有一笔一画不被指责。

第二天，画家决定换一种方法去试试。他又将那幅画临摹了一张，再拿到市场去展出。这一次，他要求每个观赏者把认为最好的那一笔做上标记。

晚上，当画家再去取画时，发现整个画上又涂满了标记——所有曾被指责的地方，如今都画满了标记！

这时，画家不无感慨地说道："我现在发现一个奥妙，那就是我们不论干什么，只要使一部分人满意就够了。"

确实如此。我们周围的世界是错综复杂的，我们所面对的人和事总是多方面、多角度、多层次的。我们每个人都生活在自己所感知的经验现实中，别人不可能完全反映你的本来面目和完整形象。对你来说，别人对你的反映或许是多棱镜，甚至有可能是让你扭曲变形的哈哈镜，你怎么能期望让人人都满意呢？而且，即使你认真努力，去尽量适应他人，也不可能做得完美无缺，让人人都满意。因为我们不可能顾及到每一个人的面子和利益，你认为顾到了，别人却不一定这么认为，甚至有的人根本不领情。再者，每一个人对同一件事的感受和看法都有所不同，你让这个人满意，却会令那个人不满意。因此，我们在努力的过程中，完全没有必要去为别人的指责而烦恼或辩解，更没有必要为此而改变自己。

纵观历史，我们也会发现，那些优秀的人，正是可以在被人嘲笑、讥笑、质疑和误解中坚守自己的人。例如：美国职业足球教练文斯·伦巴迪当年曾被批评"对足球只懂皮毛，缺乏斗志"；哲学家苏格拉底曾被人贬为“让青年堕落的腐败者”；贝多芬学拉小提琴时，技术并不高明，他宁可拉他自己作的曲子，也不肯做技巧上的改善，他的老师说他绝不是当作曲家的料；歌剧演员卡罗素美妙的歌声享誉全球，但当初他的父母希望他能当工程师，而他的老师则说他那副嗓子是不能唱歌的；牛顿在小学的成绩一团糟，曾被老师和同学称为“呆子”；《战争与和平》的作者托尔斯泰读大学时因成绩太差而被劝退学，老师认为他：“既没读书的头脑，又缺乏学习的兴趣。”如果这些人不尽力唱出自己的声音，而是被别人的评论所左右，怎么能取得举世瞩目的成绩呢?

然而，现代社会却有很多人为了迎合他人而正在失去自己。他们或是对于自己的东西缺乏应有的信心，害怕自己的是错误的，因而当碰到一些人的反对或疑义的时候，往往不能够坚持自我而丢失个性；又或是因为太过在意他人的看法，为了得到更多人的支持或喜爱，或为营造良好的人际关系，或为其他什么目的，而逐渐丧失自己的个性，盲目追随及迎合他人，并以他人的观点来看待问题或行事。

为了迎合别人，放弃自己的个性以及追求，并且逐渐沦为平庸，这实在是一种人生的悲哀。古语言：“得言不可不察。”就是说我们要认真考虑别人的话，但是不必事事都按照别人的标准去做去思考。受别人的欢迎也罢，不受别人的欢迎也罢，只要自己没有违背道德，没有损害他人的利益，不做亏心事，不说过头话，就不要过多地操心别人对自己的毫无意义的非议。走自己的路，做自己想做的事，才能努力实现自己的人生使命。

坚持自我

其实，很多时候我们自己也并不想淹没在人群里，每个人都想成就自己的人生，但身边的东西往往会干扰我们对自己的认识以及自我发展，大环境下的妥协是容易的事情。因此，坚持自己，坚持自己认为正确合理的事情，不是一件容易的事情。那么，在现实生活中，我们该如何坚持自我呢?

第一，加强自控。坚持自我就是加强自控，也许你会发现自己的心怦怦直跳，双手也在发抖，但是不要让自己失控，因为只有这样才能更好地坚持自己。

第二，强调自我。强调自我是坚持自我的真正本质，做到这点你就能清楚地表达自己的愿望和期待，同时还不必把对方置于敌对的立场上。比如，你可以采用"我想"，"我觉得"，"我愿意"等句式来表达自己的意愿。

第三，说出自己的想法。坚定地说出自己的观点，但也不要忽视对方的观点中有价值的因素。做好倾听以及尊重其他见解的准备，乐于对任何有道理的观点表示赞同，但对那些仍然令你无法接受的观点也不要争论不休。

另外，还要注意，坚持自我不是盛气凌人。学会辨认坚持自我和盛气凌人之间的区别，不要把盛气凌人当成了坚持自我。把精力集中在使自己产生挫折感的事情上，而不是某个人身上。

当然，也许你会因个性的坚持而遭受众多的热嘲冷讽，但请坚持下来，你会因坚持自我得到的实效而感到骄傲。

最重要是活出自己的价值

同样是几十年的生命，为什么有人名垂青史，有人却默默无闻呢？

其实，答案很简单。因为那些被我们敬仰的名人总能在有限的生命中做出有价值的事情，他们不会让时间在羡慕别人和埋怨自己中蹉砣，因此他们活得精彩，拥有不一样的人生；而大部分平庸者却只知道羡慕那些成绩优异、有特长的同学和事业有成的人，而不知道正确地认识自己，发挥自己的特长和优势。或许直到老去时才发现自己的生命一片空白，但是为时已晚。

事实上，每一个人的生命都是上天赐予的财富，每一个人的先天条件是不一样的，我们应该相信自己是独一无二的，而不应该总活在他人的影子里，观看他人的风景而忘记了自己的步伐。寻找自己的价值，活出自己的风采，才是最重要的。

小蜗牛的壳

有一天，小蜗牛看到只有自己身上背着又硬又厚的壳，就变得不开心起来，它问母亲：“为什么其他的小朋友没有像我一样，背上有这个又硬又重又难看的壳呢？”

母亲解释道：“这是因为我们的身体没有骨骼的支撑，只能爬，爬的速度又慢。这个壳是来保护我们的！”

小蜗牛反问道："可是小毛毛虫也没有骨头，爬得也不快啊！为什么它不用背这个又硬又重的壳呢？"

母亲笑着说："可是毛毛虫长大了会变成蝴蝶，天空会保护它啊！"

小蜗牛又问道："蚯蚓呢？它变不成蝴蝶，为什么也没有像我们一样的贝壳呢？"

母亲说："那是因为蚯蚓会钻到土里面，大地会保护它的！"

小蜗牛听完之后，哭了起来，大声地说道："我们好可怜，天空不保护我们，大地也不保护我们。"

母亲劝慰着伤心的小蜗牛，柔声说道："所以我们有壳啊！这个壳就是用来保护我们自己的。"

生活中有很多人像小蜗牛一样，只是一味地羡慕别人，而无视自己的价值。其实，我们每一个人都有自己的优点和特点。只有充分认识自我，调动自己身上一切可以调动的积极因素，并把自己的优势发挥得淋漓尽致，才能获得成功。如果非得让自己去走别人的路，恐怕最终只会迷失了自己。

每个人生来都有其优点，我们不必希望自己像某人，应该希望自己只最像自己。事实上，新的遗传学也明确地告诉我们，你之所以是你，是因为你父亲的24个染色体和你母亲的24个染色体所遗传的。"在每一个染色体里"，据阿伦·舒恩费说，"可能有几十个到几百个遗传因子——在某种情况下，每一个遗传因子都能改变一个人的一生。"一点也不错，我们就是这样"既可怕又奇妙地"构成——我们每个人都独一无二。

因此，你不应该再浪费任何一秒钟去忧虑。你是这个世界上独一无二的，以前从没有过，从开天辟地一直到现在，从来没有任何人跟你完全一样；而将来直到永远，也不可能再有一个完完全全像你的人。

假如你爱你自己，而且也希望别人所爱的是你的本色，那么，你就不必去模仿他人，而要发挥你的本色，让它显出光彩来。

站立起来，活出自我

很多时候，你觉得他人很高大，往往是因为你自己在跪着。你仰慕他人头上的光环，却忽略了自己的生活与价值。如果你想体现出自己的价值，那么，就请站立起来，活出自我。

第一，自尊。自尊是自我价值的评量。一个人若不拥有令自己满意的自我评价，他的能力必不能充分发挥。而一个满意自己的人，通常也对人生抱持着正面且积极的态度，也能信心十足地接受任何挑战，并勇于面对自己。

第二，自信。怀疑自己的能力，往往是与别人比较、对照而来的。还记得童话故事《白雪公主》中善妒的皇后吗？她对着魔镜，不断地问："魔镜！魔镜！谁是这世界上最美丽的女人？"其实她忧虑的不是容颜，而是自我。她不相信在逐渐老去的容颜背后，可以有随着岁月而增长的智慧与灵性之美。事实上，我们无法在能力上与别人比较，但是可以与过去的自己比较，只要肯定自己不断在进步，尤其是在德行人格上日新月异，就应该相信自己。

第三，努力。在人格修养上有句名言："圣德在努力。"是的，努力本身就是圣德，就是成功了，我们要的，就是这个"努力"。其实每个人的生命中都可能有缺陷、有痛苦、有不如意，你可以让它们成为激励，也可以任它们伤害你自己。是激励或伤害，在于你自己的选择。正视自己的一切，无论是优点或是缺陷；学习发现自己的潜能，并努力在人格上、道德上追求成熟、圆满，你将会发现：做自己真好！

摘下面具，做真实的自己

人们常说“人生如戏”。而我们中的大多数人也确实都把生活当成一场戏剧，在这场可谓漫长的戏里，人们不是在做真我，而是在演假我。为了适应社会角色，人们也都有意无意地戴上了一副顺应环境的面具，以保证自己为他人和社会所接受。

其实，没有任何人可以取悦所有的人，想要符合所有人的期望，势必失去某些人的尊敬。既然如此，何不潇洒地脱下面具从禁锢中解脱出来，只要自认为是对的，尝试以往为顾及形象而不敢做的事，说出从前不敢说的话吧！

“人民王妃”戴安娜

1981 年 7 月 29 日，查尔斯王子和戴安娜举行了异常隆重、耗资近 10 亿英镑的“世纪婚礼”。一个普通的女人成为了王妃，不仅是身份上的改变，还意味着她的一举一动都不是个人的事，而是王室的形象。因此，在她面前有两种选择：要么“戒掉”自己与生俱来的个性与从前的生活习惯，服从王室的规矩，做一个逆来顺受的、合格的王妃；要么保持自己的个性，追求一个真实的自我，充当叛逆王妃。

后来，在相当长的一段时间里，戴安娜选择了对王室的适应，控制自己的情绪，学会改变自己的性格。例如，王室对女性成员的着装有明确的、不成文的规定，色调淡雅，但要醒目，如粉红色、浅蓝色、黄色和紫罗兰色等。裙子的长短也有规定，长短一定要适宜，必须过膝，不要穿紧身、曲线毕露的挑逗性衣服等等。为了适应这一切，戴安娜常常每天换四五次衣服。由于她是王妃，在出席一些公共场合的活动时，必须讲话。每逢这时，查尔斯的秘书都会为她准备一些材料，教她讲话。而戴安娜讨厌背诵这些东西，也不愿意按照事先准备好的内容讲话。这种生活令她感到窒息。戴安娜犹如笼中的“金丝雀”一样，高贵，但缺少自由。

如果说，性格决定命运的话，那么戴安娜从一个不谙世故的女人，变成“叛逆王妃”，则是她抗争命运的结果。她以自己的叛逆性格、以叛逆的实际行动向传统发出了挑战，向王室发出了挑战。在穿着上展示了自己的柔美，同时也反映了自己的叛逆个性。在选择实现自我和女人天性时，戴安娜把王室的约束置之度外。在权利和义务上，她也是最终选择了自我，叛逆的个性使她与王室走得越来越远。1996 年 2 月 28 日，戴安娜和查尔斯王子正式离婚。

离婚后的戴安娜依然那么迷人，魅力不减当年，她离开了宫廷，把自己全部的爱心和精力都投入到慈善事业和公益事业中。戴安娜曾帮助过一位身患绝症的女孩。一次，女孩和母亲到医院体检时，母亲忘记带内衣。戴安娜马上将自己的内衣借给这位母亲，并吩咐人把这位母亲换下来的衣服带回她的住处洗涤。类似行动，不胜枚举，被称为“人民王妃”就是她成功的体现。

从“叛逆王妃”到“人民王妃”，看似简单的称谓变化，实际上揭示了一个内涵非常深刻的问题；人民是人民，王室是王室，二者不可同日而语，这一称呼的转变从侧面反映了戴安娜的性格，一个真实的王妃让人觉得肃然起敬。

当然，完全不受面具制约，毫不掩饰自己也不太现实。人们有时需要借助面具遮挡起不欲为人所知的一面，让自己的形象更加符合社会角色的要求。然而，如果过分认同面具而忘却或忽略个性中的其他需要，人就会迷失自己的本性，继而陷入一种心理的紧张或失衡状态。明明伤心，仍要装着笑脸；明明想爱，却裹足不前；明明不想做，却牺牲自己以迎合别人；明明满心愤怒，却不敢以真面目示人……面具过度包裹真心，不仅使自己感受不到生活的乐趣，也会使身边的人感觉痛苦和压抑。

我们要想活得自在逍遥，最有效的方式就是脱掉伪装，做真实的自己。人生如戏，但毕竟不是戏。人活在世上，所追求的应当是自我价值的实现以及对自我的珍惜。而一个人是否实现自我，并不在于你比他人优秀多少，而在于你在精神上能否得到幸福的满足。只要你能够得到他人所没有的幸福，那么即使表现得不高明也没有什么。

更自由、更真实地生活

摘掉面具，更自由、更真实地生活在世上，说起来容易，做起来却太难。

首先，你要学会对自己说“没关系”。孩子之所以常常发出无缘无故的笑声，是因为他们的烦恼从不憋在心里。而成年人却常常被生活中各种各样伤脑筋的事压得两腿打颤。成人的世界中果真有那么多的烦恼吗？其实，许多事并没有什么大不了的，只是我们把它放大了而已。我们要学会对自己说“没关系”，这样，我们的生活里就会常常充满孩子般开怀的笑声。

其次，不要为自己真实的情感“梳妆打扮”。假如你和你的挚友分离在即，你就让即将涌出的泪水流下来，而不要躲到盥洗室去。没必要为了怕人说长道短而把自己身上最有价值的一部分掩饰起来，这种做法没有任何道理。

再次，试着信任他人。如果一个人对新结识的人表现冷淡，这往往意味着他对人的信任感和孩子般天真的直觉已被自我封闭的重压毁灭了。那么，他就不会从周围的人那里获得乐趣。事实上，我们应该放松自己紧张的生活节奏，不妨和初次见面的人打打招呼；或者在自己常去买东西的小店里和售货员聊聊；或者和刚结识的新朋友一起郊游。努力寻找童年时交友的感觉，信任他人和你自己，而不要每时每刻都疑窦丛生。

最后，只需顺其自然地去生活。如果你对每件事都精心策划，以求万无一失的话，你就不知不觉地把自己的感情紧紧封闭起来了。所以，不要为一件事没按计划进行而烦恼，不要为某一次待人接物不够周全而自怨自艾，你应该重视生活中偶然的灵感和乐趣，快乐才是人生最重要的价值标准。

02

你已经够好了

你之所以被自卑夺走了人生所有的快乐，就是因为你把时间都用在了对“不够好”的怨恨上。其实，世上从来就不存在一无是处的人，当我们因为自己的“不够好”而难过不已时，却忘记了这并非是自己的全部，我们身上分明还有着更多“足够好”的特质，它们的存在，就是为了证明我们有多么值得别人珍惜和喜爱。只要你相信自己已经够好了，便获得了摆脱自卑、逆袭人生的力量。

自己不看轻自己，就没人觉得你卑微

这个世界上，只有你对自己的界定才最具有权威性。正如美国总统富兰克林·罗斯福的夫人埃莉诺·罗斯福所说：“未经你的同意，没有人能使你感觉卑微。”古希腊谚言也说：“除了自己，没有人能够侮辱你。”如果你认定自己是卑微的、无用的，那么你就真的会成为那个样子。反过来，不管你当初所处的环境，或者你的外形，你的身份，在别人眼里是多么卑微，只要你自己不看轻自己，那么就没有人能真的轻视你。

玛丽的蝴蝶结

当玛丽还是一个小女孩的时候，她总觉得自己长得不够漂亮，因此很自卑，连走路都是低着头的。

有一天上学时，她路过一家饰品店，看到橱窗里有一只绿色蝴蝶结非常漂亮。她走进去之后，店主也不断赞美她戴上这个蝴蝶结很漂亮。

玛丽虽然不太相信，但挺高兴，还是买下了它。戴着蝴蝶结的玛丽不由地昂起了头，她急于让大家看看，因此出门与人撞了一下都没在意。

到了学校，玛丽走进教室，迎面碰上了她的老师。“玛丽，你抬起头来真美！”老师爱抚地拍拍她的肩说。那一天，她得到许多人的赞美。她想，一定是蝴蝶结的功劳。

可当她放学回到家，在镜前一照，却发现头上根本就没有蝴蝶结！她这才想起来一定是出饰品店时与人一碰弄丢了。不过，玛丽知道，她再也不需要蝴蝶结了。

这是一个真实的故事，长大后的玛丽，成为美国 HBO（Home Box Office）电视台的一名著名主持人。

现实生活中，像“小玛丽”这样的人实在太多了，他们诉说自己因为某种缺陷或短处而特别自卑。把这些缺陷或短处集中起来，几乎无所不包：太胖了，太矮了，皮肤太黑了，汗毛太粗了，嘴巴大、眼睛小、头发黄、胳膊细，等等，这些统统都是自卑的理由。而人一旦形成自卑心理后，往往从怀疑自己的能力到不能表现自己的能力，从怯于与人交往到孤独地自我封闭。本来经过努力可以达到的目标，也会认为“我不行”而放弃追求。他们看不到人生的光华和希望，领略不到生活的乐趣，也不敢去憧憬那美好的明天。很多自卑的人也害怕失败，他们常把失败当成灾难，“我没有达到目标……，我是失败者”。他们的自尊顷刻瓦解，而自卑、沮丧、焦虑、抑郁情绪像滚雪球一样越来越强烈。

除了因身体缺陷而心生自卑外，产生自卑的原因还有很多。例如有的人喜欢用过高的标准作为自己的目标，结果使自己永远处于达不到要求的失败地位，导致自卑感的产生；有的人很在意别人对自己的评价和看法，对于别人的负面评价往往产生自卑的心理；有的人错误地把别人对自己的夸奖当成讥讽，那么他们感受到的信息就带有自我否定的倾向性，他们会越发地感到自卑；有的人对于家庭或自己的经济收入以及社会地位感到不满，这种对物质生活和精神生活的攀比心理也会让人自卑。但不管是哪种原因，都有惟一确定的一点，那就是：自卑这种东西，你不找它的话，它是不会找你的。

事实上，任何人不可能在各方面都优秀，人们都或多或少在某方面存在一定的缺陷和不足。当我们把目光从自卑的人身上转到那些自信的人身上时，便会有新的发现：上帝并不是对他们宠爱有加，让他们全都完美无瑕。如果用你的理论去衡量的话，他们身上的种种缺陷也可怕得很。拿破仑的矮小，林肯的丑陋，罗斯福的瘫痪，丘吉尔的臃肿，哪一条不令人感到烦恼无比？可他们却拥有辉煌的一生，因为他们拥有自信！实际上，很多时候，当你将缺陷大大方方地展现在别人面前时，反而会让别人忘记你的缺陷，而将注意力集中到你的优点上。

战胜心中的自卑

当然，不是每个人都可以成为伟人，但每个人都可以成为自信的人。那么我们如何战胜自卑，建立自信呢？下面 10 条简单而可行的规则，可能会对你克服自卑很有帮助。

第一，构思自己成功的形象，牢牢印在脑海中。不屈不挠固守这幅形象，不容它褪色。你的脑子自然会产生出具体的画面。不要怀疑形象的真实性。无论情况显得多糟，请随时想象成功的画面。

第二，每当消极的想法浮上心头，请马上采用一个积极的想法来与之对抗。

第三，研究分析面临的困难，尽量加以克服，千万别因恐惧而把问题看得太严重。

第四，别过度敬畏别人，培养一种“自以为是”的心态。没有人能比你更好地扮演你的角色。请记住：大多数的人虽然外表看来很自信，其实往往跟你一样害怕，一样不信任自己。

第五，每天念 10 遍下面的积极语句：“如果上天帮助我们，谁能阻挡我们呢？”

第六，找一个专家帮你找出自卑的主因。由童年开始研究，对认清自己很有帮助。

第七，如果遇到困难遭到挫败，要拿出一张纸列出所有对自己有利的因素，这些因素不但可以让你变得积极，而且更能使自己冷静、客观地面对问题。

第八，评估自己的能力，然后再将它提高10%。别太自负，但要有足够的自尊。

第九，相信你的能力无限大。时刻不要忘记接受积极的思想，不给空虚、沮丧、疲倦留有侵袭的时间。

第十，提醒自己不要与自己的恐惧商量如何去做，而是采取积极主动的态度去分析问题、解决问题。

上帝不会把一切美好给同一个人

所有的哲学家都给了我们一个极重要的忠告：了解你自己。但是大部分人把这一忠告理解为：了解消极的自我。他们过多地看到了自己的缺点、短处和无能。当然，知道自己的先天不足是一件好事，它可以让我们加倍努力。但是，如果我们仅仅知道自己消极的一面情况就糟了，这会使我们觉得自己的价值不大，失去前进的力量。

铁罐与陶罐

国王的御橱里有两只罐子，一只是陶的，另一只是铁的。骄傲的铁罐瞧不起陶罐，常常奚落它。

“你敢碰我吗，陶罐子？”铁罐傲慢地问。

“不敢，铁罐兄弟。”谦虚的陶罐回答说。

“我就知道你不敢，懦弱的东西！”铁罐说着，现出了更加轻蔑的神气。

“我确实不敢碰你，但不能称为懦弱。”陶罐争辩说，“我们生来的任务就是盛东西，并不是来互相撞碰的。在完成我们的本职任务方面，我不见得比你差。再说……”

“住嘴！”铁罐愤怒地说，“你怎么敢和我相提并论！你等着吧，要不了几天，你就会破成碎片，消失了，我却永远在这里，什么也不怕。”

“何必这样说呢，”陶罐说，“我们还是和睦相处的好，吵什么呢！”

“和你在一起我感到羞耻，你算什么东西！”铁罐说，“我们走着瞧吧，总有一天，我要把你碰成碎片！”

陶罐不再理会。

时间过去了，世界上发生了许多事情，王朝覆灭了，宫殿倒塌了，两只罐子被遗落在荒凉的场地上。历史在它们的身上积满了渣滓和尘土，一个世纪连着一个世纪。许多年以后的一天，人们来到这里，掘开厚厚的堆积物，发现了那只陶罐。

“哟，这里头有一只罐子！”一个人惊讶地说。

“真的，一只陶罐！”其他的人都高兴地叫了起来。

大家把陶罐捧起，把它身上的灰尘刷掉，擦洗干净，和当年在御橱的时候完全一样，朴素、美观。

“一只多美的陶罐！”一个人说，“小心点，千万别把它弄破了，这是古代的东西，很有价值的。”

“谢谢你们！”陶罐兴奋地说，“我的兄弟铁罐就在我的旁边，请你们把它掘出来吧，它一定闷坏了。”

人们立即动手，翻来翻去，把土都掘遍了，却丝毫没有发现铁罐的踪影——它，不知道什么年代，已经完全氧化，早就无影无踪了。

上帝对谁都是公平的，它赐给了铁罐坚硬，却没有给它永恒，它赐给了陶罐脆弱，却也让它经受住了岁月的考量。其实人也是一样。也许上帝赐给了音乐家才华，就可能不再赐给他容貌，赐给了科学家头脑，就可能不会再赐给他歌喉……尺有所长，寸有所短，如果我们都可以像陶罐一样，不拿自己的缺点和别人的优点比较，生命中一定会多出许多美好。

然而，却总有一些人将目光仅仅停留在自己的缺点上，而不善于挖掘自己的优点。他们常常拿自己的缺点和别人的优点相比较——与长相好有人比漂亮，与身材好的人比苗条，与智商高的人比聪明，与情商高的人比人际关系，与家境好的人比财富，与爱情圆满的人比感情，与身体好的人比运动……以己之短，比人之长，结果自然是一次又一次受伤，在自卑的巢穴里越陷越深。

其实，上帝从来不会把一切美好给同一个人，每个人都是集优点和缺点于一身，也许你有一箩筐缺点，却只有一个小小的优点，但如果能将这个优点放大，变成无人比拟的优势，它就能增加你的自信，让你散发出多彩的光芒。

弱化你的缺点，放大你的优点

每个人都是一个独特的个体，有优点，有缺点，只要缩小劣势，放大优点，充满自信，不畏艰辛，就一定能够活出人生的精彩。

首先，做逆向比较。自卑者的最大缺点就是常常拿自己的缺点和别人的优点相比较，因而对自己的方方面面都会持否定的态度，认为自己的存在没什么价值。因此，采取逆向比较——以己之长比人之短，而不是以人之长比己之短——你就会变得自信起来。

其次，弱化缺点。我们常常被告知，缺点应该放大，好引起重视、警惕，进而改正，所以一般人都十分清楚自己的弱点。但是，对于自卑者来说，却应该要学会弱化自己的缺点，好让自己从黎明前的黑暗中看到一丝曙光，因为毕竟一个人只能从自己的优势而不是自己的缺点上获得成功。

最后，发现并放大优点。很多卓著的人士，首先就得益于他们充分了解自己的优点，并根据自己的优点来进行定位或重新定位。例如法国著名作家皮埃尔就因为拥有“能把名字写好”这种小小的优点而走出了自卑，并一点点放大自己的优点——“我能把名字写得叫人称赞，那我就能把字写漂亮；能把字写漂亮，我就能把文章写好……”从而写出了许多经典作品。

所以，每个人都应让自己从曾经有过的自卑之中走出来，弱化自己的缺点，寻找自己的优点，只要我们能挖掘到其中的哪怕一点点，不断地将其放大成超越自己和他人的明显优势，从现在开始，努力学习，努力做事，相信最终都会成功。

无需嫉妒他人，你已经够好了

我们通常都很容易发现别人的优点，比如某人很漂亮，某人工作能力很强，某人人缘很好，但却很少能看到自己的长处和价值。每当别人谈到自己时，就变得非常不自信，常常对自己持否定的态度，认为自己的存在没什么价值，这就是自卑的表现。

其实，大可不必嫉妒他人，因为你已经够好了！要知道，世界上最珍贵的东西不是得不到的东西，而是现在你所拥有的东西。叔本华就曾经说过这样一句话："我们很少想到自己拥有什么，却总是想着自己缺少什么。"与其羡慕别人不如好好珍惜自己现在所拥有的，这样才会让自己时时充满快乐的元素，让自己活得实在而洒脱，也生活得更有价值。

拥有1000万的穷光蛋

有这样一位年轻人，他整天羡慕那些有钱的人，而埋怨自己生不逢时，总也发不了财。

有一天，这个愁眉不展的年轻人在路上遇到一个满头白发的老人，老人问他："年轻人，你为什么不高兴呀？"

他苦恼地说："我不明白，为什么别人都很富有，我却老是这样穷呢？"

"穷？我觉得你非常富有啊。"老人由衷地说。

年轻人很疑惑，因为他并不认识这个老人，老人为什么说他富有呢。

老人接着说："如果现在让我折断你的一根手指，给你1万元，你干不干？"

"当然不干！"年轻人回答道。

"如果说让你马上死，给你1000万，你干不干？"

"更不行了！"

"这不就是了，你身上的钱已超过1000万了呀！"

老人说完笑着走开了。

你是不是也时常和这个年轻人一样，总是在别人的拥有里寻找自己的痛苦？

事实上，每个人都有令人羡慕的东西，也有自己缺憾的东西，那些总认为自己太差的人，他们心灵的空间挤满了太多的负累，从而无法欣赏自己真正拥有的东西。有一个女孩，当她为自己有漏洞的鞋而闷闷不乐时，忽然看到了一个拄着拐杖、没有脚的男孩，她才发现自己是多么富有，又是多么可悲。富有是因为她有一双脚，而可悲却是因为她不懂得珍惜现在的生活，不懂得欣赏自己的拥有。

如果我们都能以这种方式认识世界，生活就变得再幸福不过了。请记住以下内容：如果今天早上你起床时身体健康，没有疾病，那么你比其他几百万人更幸运，他们甚至看不到下周的太阳了；如果你从未尝试过战争的危险，牢狱的孤独，酷刑的折磨和饥饿的滋味，那么你的处境比其他 5 亿人好；如果你能随便进出教堂和寺庙，没有任何被威胁、暴行和杀害的危险，那么你比其他 30 亿人幸运；如果你有食可吃，有衣可穿，有房可住，有床可睡，那么你比世上 75% 的人富有；如果你在银行里有存款，钱包里有票子，盒子里有零钱，那么你属于世界上 8% 最幸运之人；如果你父母双全，没有离异，那么你的确是那种很稀有的地球之人……这样看来，是不是你已经够好了？

学会在比较之中感受幸福

说实话，身处喧嚣的人海之中，任谁也摆脱不了比较。在西方就流传着这样的话："拿破仑嫉妒凯撒，凯撒嫉妒亚历山大，亚历山大嫉妒从不存在的大力神。"从这个意义上讲，你不大可能摆脱由"比较"而产生的嫉妒，因为在现实中、历史上和传说里，总会有个人比你更成功、更优秀。不过，英国学者托马斯·富勒又说过："使人高兴或沮丧的，与其说是事实，还不如说是'比较'。因为参照物的选择决定了人的感觉。"只要选对了参照物，我们一样可以在比较之中找到自信并感到幸福。

一方面是纵向比较，也就是与过去的自己比较。可以说，人是在对自己既定目标的追逐中体会到幸福的。在这个过程中，取得每一点成绩，内心都会感到快乐，这种快乐是既定目标下的副产品，而这每一点小小的“快乐”一点点地酝酿成你的幸福。而且，在不断接近目标的过程中，你创造了自己新的人生轨迹。不管最终结果如何，你只需面对自己的过去，获得和自己过去相比较的幸福。如果暂时“今不如昔”，也不必太悲哀，这时可以跟一些还不如自己的人比较，安慰一下自己：自己还不是最差的。这也不能说是自欺欺人，这是提醒自己要懂得珍惜自己目前仍然拥有的东西，珍惜自己所享有的福分。

另一方面是横向比较。我们应该在了解自己的基础上寻找横向的参照物。如果心比天高，总是跟实力比自己强得多的人比较，只会给自己带来无谓的烦恼。如果你是个普通人，非要跟比尔·盖茨比财富，跟乔丹比篮球，有意义吗？要知道，首先，人与人的天赋、境遇不同；其次，他人的幸福未必是你的幸福；另外，即使他人获得了巨大的成功，也可能付出了你所不知道的代价。从这个意义上讲，我们对于自己最终所获得的东西，应抱有“尽力即心安”的态度。也许只有这样，我们才能得到最大程度的幸福。

其实，你比自己想象中更优秀

优秀的人并不一定样样都比别人强，而是他们对自己已有的一切优点都很满意，他们相信自己是优秀的，于是他们就真的变得很优秀了。也就是说，人的成功，并不取决于是否美丽，是否富有，是否聪慧，而是取决于一种生活态度，只要你相信自己足够优秀，你就可以比想象中更优秀，从而更加卓然于世。

苏格拉底的助手

古希腊的大哲学家苏格拉底在风烛残年之际，知道自己时日不多了，就想考验和点化他那位平时看来很不错的助手。他把助手叫到床前说：“我的蜡所剩不多了，得找另一根蜡接着点下来，你明白我的意思吗？”

“明白，”那位助手赶忙说，“您的思想光辉将很好地传承下去……”

“可是，”苏格拉底慢悠悠地说，“我需要一位最优秀的传承者，他不但要有相当的智慧，还必须有充分的信心和非凡的勇气……这样的人选直到目前我还未见到，你帮我寻找和发掘一位好吗？”“好的，好的。”助手尊敬而温顺地说，“我一定竭尽全力地去寻找，绝不辜负您的栽培和信任。”

苏格拉底笑了笑，没再说什么。那位忠诚而勤劳的助手，不辞辛劳地通过各种渠道开始四处寻找。可他领来的一位又一位人选，都被苏格拉底否决了。有一次，当那位助手再次无功而返地回到苏格拉底病床前时，病入膏肓的苏格拉底硬撑着站起来，抚着那位助手的肩膀说：“真是辛苦你了，不过，你找来的那些人，其实还不如你”。

“我一定加倍努力，”助手言辞恳切地说，“找遍城乡各地和五湖四海，我也要把最优秀的人选挖掘出来，举荐给您。”

苏格拉底笑笑，不再说话。半年之后，苏格拉底眼看就要告别人世，可是最优秀的人选还是没有眉目。助手非常遗憾，哭着说：“我真对不起您，令您失望了！”

“失望的是我，对不起的却是你自己。”苏格拉底说，“本来最优秀的就是你自己，只是你不敢相信自己，才把自己给忽略、耽误、丢失了……其实，每个人都是最优秀的，差别就在于如何认识、发掘和重用自己……你为什么半年来都不给自己一次机会呢？”苏格拉底说到这里，很失意地闭上眼睛，永远离开了这个世界。

现实生活中，很多人就像苏格拉底的助手一样，不相信自己是最优秀的，把自己忽略了、耽误了、丢失了。为了不重蹈那位助手的覆辙，我们每个人都应该牢记先哲的这句至理名言：“最优秀的就是你自己！”

其实，每个人的意识中都有一个理想的、积极的自我形象，但这个理想和积极的自我形象，并不是总能指导和主宰自己的行为。因为，它常常会受到另一个消极的、瞬息万变的自我形象的干扰。前者不怕困难，勇往直前；后者遇事萎缩，知难而退。告诉自己“你最优秀”，其实就是要强化心中那个积极的、理想的自我形象，战胜和排除消极的自我形象的干扰。不管情况多么糟糕，或是沉沦在多么低下的地位，只要学会认识自我、肯定自我，自身的价值就会被挖掘出来。相信自己，就总会有好的结果。而这也确实就是成功者所具备的素质。

因此，我们不妨从此刻起，保持对自己充足的信心，相信自己而不是怀疑自己、低估自己。唯有如此，才能实现理想的自我，使自己成为命运的宠儿，从而赢得出色的人生，才能创造出辉煌的人生奇迹。

做自己心态的主人

其实，是否相信自己比想象中还优秀，这就是一个心态问题，而事实上，人有什么样的心态，就会有什么样的生活和命运。那么，我们何不自信一点，成就自己的美丽人生呢？这里提供几个跨越自卑的方法，希望对你有所帮助：

第一，正确归因。你不能因为一次失败，就认为自己不行。要知道自己的这次失败可能有很多原因，比如天气、时间、运气、身体等.不一定是能力不足造成的，更不要耿耿于怀和自己过不去。

第二，自我激励。人有时或多或少会有自卑的感觉，此时精神上一般都比较敏感脆弱，经不起挫折的打击。所以不妨“阿 Q”一下，培养自我满足、知足常乐的良好心态。

第三，转移注意力。当自己处于劣势时，可以“移情别恋”，通过有意转移话题、改做别的事情的方式来分散自己的注意力。也就是将注意力转移到自己感兴趣的、也最能体现自己才能的活动中去，建立新的兴奋点，以淡化和缩小短处（弱项）在心理上造成的自卑阴影，减缓、化解内心的压力。

第四，积极暗示。如果遇到某些情况而感到信心不足时，可以用语言暗示息：“他行，我也行！”或者像体育健儿那样大吼一声，还可以回想由于自己努力而成功的事例，或者合理想象将要取得的成功后的兴奋，从而激发自己改变现状的信心。

第五，客观认知。尺有所短，寸有所长，正确认识、评价自己，客观地分析自己的短处（弱项）和长处（强项），牢记上帝为你关闭一扇门的同时，一定为你打开了一扇窗。千万不要由于自己某些方面不如人而看不起自己。

用自我欣赏找回迷失的自我

弗洛伊德把人格结构分为：本我、自我和超我。简单说起来，“本我”代表的是个人欲望；“超我”代表的是社会道德或者对自己的期待和评价；“自我”代表的是这两者的平衡，也就是理智约束欲望的结果，或者真实的自我。其中，有一种普遍的痛苦就是超我对于本我的不认可、不欣赏。而不会欣赏自己的人往往都有这种痛苦。他们总是习惯于欣赏周围的人和事，却很少懂得欣赏自己，以致时常陷入望洋兴叹的无奈之中，或消极地自惭形秽，或盲目地东施效颦……

其实，大可不必如此。因为你的生活和你所欣赏的人的生活一样，也有阳光，也有空气，也有寒来暑往，也有悲欢离合，也有艰难困苦……甚至你可能拥有别人未曾见过的一株草，别人未曾听过的一阵虫鸣……当你用欣赏的眼光看待自己时，别人也才会用同样的眼光欣赏你！那么，你就是那个最棒的的人。

打棒球的小男孩

一个小男孩头戴棒球帽，手拿球棒与棒球，全副武装地走到自家后院。

“我是世上最伟大的击球手。”他自信地说完便把球扔到空中，然后用力挥棒，却打空了。不过他毫不气馁，把球从地上拾起来，又往空中一扔，然后大喊：“我是世界上最厉害的击球手！”他再次挥棒，结果仍然落空。小男孩愣住了，大概过了10分钟的时间，他又仔细地对球棒与棒球进行了一番检查，然后再一次把球扔向空中，这次他仍告诉自己：“我是最杰出的击球手。”可是第三次的尝试依然以失败告终。

在这种情况下，谁忍心看到一个自信的孩子被一而再、再而三的失败伤害后的面容？各位，不必这样，你根本看不到你想象的那一幕。因为这个男孩子在第三次失败后沉思了片刻，突然从地上高高跳起，兴奋地说：“原来我是一流的投球手！”

小男孩勇于尝试，不断给自己打气、加油，使自己信心十足，尽管他一次都没有成功，但是他却毫无失落感，也没有一蹶不振，他不抱怨、不伤心，反而能从另一种角度来“欣赏自己”。

有一句格言说：“不是因为遭遇了挫折，我们才迷失自我，而是因为我们迷失了自我，才会有那么多的失败。”不懂自我欣赏的人，往往会因为自己的缺点而全盘否定自己，把那些本来没什么的弱点和不足变成了沉重的心理包袱，压得自己没办法呼吸，整天只能在生活的阴影中自怨自艾，而那些始终用欣赏的眼光来看自己的人，即使看到自己有不少的缺点，他们也不会否定自己，他们认为即使是缺点也是自己的一部分，缺点和优点共同塑造了世间独一无二的自己，他们相信自己能够超越缺陷，能够将它转化成自己的优势。

如果你渴望成功和别人的肯定，那就别把大量的脑能量消耗在自我怀疑、自我否定中了。其实，命运对任何人都是公平的，它不会给别人太多，也不会给你太少。多欣赏自己，你就会发现原来自己同别人一样有那么多的优点，甚至有别人没有的优点。对自己的赏识与肯定会让生活变得轻松而美好，会让人生幸福而辉煌。

学会欣赏自己

学会欣赏自己，即便处于人生的低谷，也不会轻易失去信心，总是相信漫长的黑夜终将过去，黎明的曙光即将照耀着自己；学会欣赏自己，即便无人喝彩的时候，也能为自己鼓劲加油，在人生的舞台上优雅地谢幕；学会欣赏自己，即使陷入困境也不会轻易哭泣，总能为自己找到一个解决办法，最终走出泥泞，云开日出；学会欣赏自己，才能在一个人独自疗伤的时候，为自己找到一丝安慰，增添一份勇气，然后抖落满身的征尘，轻装走在坎坷的人生路上。

那么对于一个迷失了自我的人，想要克服自我否定的恶习，重新找到自己的定位，究竟应该怎么做呢？

第一，从自我否定的根源找起。要克服自卑就要知道自卑的根源在哪里，有些严重的自我否定和自卑心理来自小时候受到过的创伤，也许你自己也已经不记得了，但是它却已经成为了你潜意识的思维习惯，你必须找到它，并且改变它，才能重获自信。当然，如果你的自卑感太强，成为一种心理疾病，就需要心理医生来帮忙了。

第二，从自我激励开始。其实，欣赏自己就是一种心理暗示。进行积极的自我暗示，鼓励自己，这样可以重树自信。要一直坚信，“我能做好，没有问题”、“我有能力做得更好”，这种方法只要成功了一次，就可以形成良性循环，赶走自卑。即使失败了也不怕，你可以这样自我暗示：“这次失败不能说明我的实力，只是运气不好。下次，有更多经验的我，一定能够成功。”

第三，积极发掘自己的优点和兴趣。优点和缺点是每个人身上都不会缺少的东西，你也不例外。不要总是看到自己的缺点和别人的优点，拿自己的缺点去比别人的优点，受到打击是必然的。你不妨做一些自己一直感兴趣的事情，兴许一不小心不但克服了自卑，还意外获得了自己的事业方向。

第四，多找一些简单并且比较容易成功的事情做。一个人产生自卑的一个重要原因，是遭受挫折和失败，那么，成功就是自卑的克星。通常来说，小事往往容易获得成功，从身边力所能及的小事情做起，然后在这小小的成就中肯定自我，一点一点地找回自信。自信多一点儿，自卑就相应地减少一点儿。

第五，积极和别人交往。自卑常常伴有孤僻，不愿意结交朋友，自己一个人钻进自卑的“牛角尖”里出不来。多交朋友，可以从朋友身上学习到很多东西，同时在获得友谊的过程中，自信也就慢慢回来了。

欣赏自己并不是孤芳自赏，也不是盲目乐观，更不是妄自尊大。即便是一棵小草，也要用满怀的绿意装点整个春天；即便是一滴小水珠，也要反射太阳的光芒。不是每一个人都能取得令人惊叹的成就，但我们也要学会欣赏自己，一点点地积累，一点点地进步。

你羡慕别人时，别人也在羡慕你

人类最大的弱点是盲目羡慕他人，然后贬低自己的价值，这是伤害自我的致命武器，也是许多悲剧的根源所在。

其实，很多时候，我们往往不知道，在羡慕别人的时候，自己也正在被别人羡慕着。当你羡慕别人住着高楼大厦时，也许瑟缩在墙角的人，正羡慕你有一间可以遮风的草屋；当你羡慕别人坐在豪车里而失意于自己在地上行走时，也许躺在病床上的人，正羡慕你还可以自由行走……正如卞之琳所说：你站在桥上看风景，看风景的人在楼上看你，明月装饰了你的窗子，你装饰了别人的梦。与其为别人拥有而自己还没有的东西自卑，不如想想你拥有哪些别人没有得到的幸福；与其为别人会做而自己却不能做的事自卑，不如想想你会做哪些别人做不到的事。正视自己，不去仰望，也许虽无大悦，可也自在自得、芬芳身心、恬静自我。

一切照旧

一天，上帝酒足饭饱之后突发奇想："假如让现在世界上每一位生存者再活一次，他们会怎样选择呢？"于是，上帝给世界众生发了一份问卷，让大家填写。上帝看过答卷后大吃一惊，众生的回答是这样的：

猫："假如让我再活一次，我要做一只老鼠。我偷吃主人一条鱼就被打个半死，老鼠呢，可以在厨房翻箱倒柜、大吃大喝，人们对它也无可奈何。”

鼠："假如让我再活一次，我要做一只猫。吃皇粮，拿官饷，从生到死都有主人供养，还有我们的同类经常给它送鱼送虾。”

猪："假如让我再活一次，我要做一头牛。生活虽然苦点，但名声好。我们似乎是傻瓜懒蛋的象征，连骂人都要说‘蠢猪’。”

牛："假如让我再活一次，我要做一头猪。我吃的是草，挤的是奶，干的是力气活，有谁给我评过功、发过奖？做猪最快活，吃了睡，睡了吃，肥头大耳，生活赛过神仙。”

鹰："假如让我再活一次，我要做一只鸡，渴有水，饿有米，住有窝，还受主人保护。我们呢，一年四季漂泊在外，风吹雨淋，还要时刻提防冷枪暗箭，活得多累呀！”

鸡："假如让我再活一次，我要做一只鹰，可以翱翔天空，任意捕兔捉鸡。而我们除了生蛋、司晨外，每天还胆战心惊，怕被捉被宰，惶惶不可终日。”

蛇："假如让我再活一次，我要做一只青蛙，处处受人类保护。而我们呢，走到哪里，都要遭人毒打，还要吃我们的肉，活着有啥意思！”

青蛙："假如让我再活一次，我要做一条蛇，人见人怕，躲得远远的。我们呢，本来登不得大雅之堂，现在还被人们想着法子吃，大型宴会、酒席，饭店、餐馆处处可见。”

最有意思的是人的答卷：

男人一律填写为："假如让我再活一次，我要做一个女人，上电视、登报刊、做广告、印挂历，多风光。即使是一个无业青年，只要长得靓，一句嗲声嗲气的撒娇，一个朦胧的眼神，都能让那些正襟危坐的大款们神魂颠倒。”

女人的答卷一律填写为："假如让我再活一次，一定要做个男人，经常出入酒吧、餐馆、舞厅，可以不做家务，还摆大男子主义，多潇洒！”

上帝看完，气不打一处来，“哧哧”把所有的答卷全都撕得粉碎，厉声喝道：“一切照旧！”

这是挺有意思的一种现象，可谓风景在别处。

然而，现实生活中的我们，又何尝不是如此？我们总是去羡慕别人所拥有的东西，工作、车子、房子、地位、名利、幸福等等，却唯独忽视了一点，我们自己也是别人所羡慕的对象。

事实上，任何时候，轻视自己都是极其荒谬的，人除了要看到别人的“好”之外，也要善于发现自身的“好”。别人可能有比你更好的家庭出身，但也许你比别人有着更和睦的家庭；别人可能有比你更好的经济条件，但也许你比别人在事业上更有发展的潜力；别人可能有比你更好的身材相貌，但也许你比别人有更加聪明的头脑……大千世界，芸芸众生，高低上下，尺短寸长，你在羡慕别人的同时，也许别人正在羡慕你。

既如此，我们为何不去珍惜自己所拥有的幸福，而要去仰望别人？我们在看待事情时，不能只看别人光鲜的一面，更需要去了解别人不为人知的一面。那些成功的人，之所以能那么风光，在他没有成功之前，吃的苦，谁又知道？我们不需要羡慕别人的幸福，我们也可以幸福，珍惜自己拥有的，努力提高自己没有的。把对他人的羡慕，转换成一种对自己重新认识与努力奋斗的目标，从而做到最好的自己。

不再盲目羡慕别人

其实，羡慕别人，这也是很正常的一种心理，有时它会成为我们超越别人的动力，但如果我们把对别人的羡慕变成心中的狭隘，从而做出一些不理智的事情，甚至变得自卑，觉得自己处处、事事不如别人，因而失去勇气和信心，是很不可取的。那么，如何才能摆脱盲目羡慕他人的消极心理呢？

首先，应该正视自己，不能妄自菲薄，要善于认识到自己的优点和与众不同的地方。此外，不要和人进行狭隘的比较，如果你非要和达·芬奇比绘画，和莎士比亚比写作，和帕瓦罗蒂比唱歌……那么恐怕你只有恼怒和郁闷的份了。在任何时候，知道自己的特点，并加以磨炼，你会发现自己也是很出色的。

其次，给自己树立一个伟大的志愿。有远大理想的人根本没有时间去羡慕或嫉妒别人，更多的时候是被人羡慕或嫉妒。当你在自己的理想中陶醉、奋斗时，你就会发现，和你的理想比起来，去羡慕别人是多么的可笑。

再次，你还要保持一个宽广的胸怀。有的人的确比你优秀，但你不必因此沮丧，也不必否定自己。只有允许有人比自己优秀，才能端正心态，按照自己的计划前进。当你看见别人取得成功时，不如大方地为别人喝彩，因为你在欣赏别人的时候，也在不断地审视自我，提升和完善自我。为别人喝彩，不是贬低自己，更不是阿谀奉承，而是恰到好处地对别人进行肯定。为别人喝彩，也是给自己的生命加油。

最后，你必须要明白，每个人幸福的方式都不一样，仰望别人的幸福是因为看不清自己的幸福，你羡慕的是那种新鲜的感觉，得不到的总是最好的。其实，每个人都是幸福的。只是，我们的幸福，常常在别人眼里。当自己有所感悟时会惊奇发现自己才是最幸福的那个人，最重要的是活得洒脱，那样你才是真的幸福。

03

每个平淡无奇的生命，都是一座丰富的金矿

其实我们每个人身上都存在着巨大的潜能，只是很多人因没有发挥出来而不自知。所以，何必总是羡慕别人的才能、幸运和成就呢？我们最应该做到的就是：相信自己的潜能，珍视自己的潜能，挖掘自己的金矿，守护自己的金矿。如此，你就可得到你所向往的所有东西。

你只是不够坚信自己

不论环境如何，在我们的生命里，均潜伏着改变现时环境的力量。爱迪生就曾经说过这样一句话：“如果我们做出所有我们能做的事情，我们毫无疑问地会使自己大吃一惊。”然而，现实情况却是：很多人并没有使自己惊奇过。也许你会想，我只是一个平凡的人，而且总是在失望。因此，我从来没有期望过自己能做出什么了不起的事来。或许这正是问题的所在，我们没有太多的惊喜，因此就从来没有期望过自己能够做出什么了不起的事来。这是实情，而且这是严重的事实，那就是——我们不够坚信自己，我们只把自己束缚在自我期望的范围以内。

大象的细脚链

一个小孩在看完马戏团精彩的表演后，随着父亲到帐篷外面拿干草喂养刚刚表演完的动物。

这时候小孩注意到每头大象都拴着一条细脚链，便问父亲：“爸爸，大象那么有力气，为什么它们的脚上只系着一条小小的铁链，难道它们真的无法挣开那条铁链吗？”

父亲笑了笑，解释道：“没错，大象是挣不开那条细细的铁链。在大象还小的时候，驯兽师就用同样的铁链系住小象，那时候的小象，力气还不够大，小象起初也想挣开铁链的束缚，曾无数次尝试挣脱铁链，但每次努力的结果是，它的脚被铁链磨的疼痛、流血。于是，渐渐地小象不再挣扎，直到长成了大象，已经可以轻而易举地挣脱链子时，它的想法依然是：我不行，我不会成功的。于是，它就甘心受那条铁链的限制，不再想逃脱了。”

正当父亲解说之际，马戏团里失火了，大火顺着草料、帐篷等物品，蔓延到了动物的休息区。动物们受火势所逼，十分焦躁不安，而大象更是频频跺脚，仍是挣不开脚上的铁链。

炙热的火势最终逼近了大象，其中一头大象已被火烧着，疼痛之余，它猛然一抬脚，竟轻易将脚上铁链挣断，于是迅速奔逃到安全的地带。有一两只大象见同伴挣断铁链逃脱，立刻也模仿它的动作，用力挣断铁链。但其他的大象却不肯去尝试，只顾不断焦急地转圈跺脚，最后遭大火席卷，葬身火海。

在大象成长的过程中，人类利用一条铁链限制了它。即使那样的铁链根本系不住长大后有力的大象，但大象却从未想到过挣脱，因为大象给自己的心里也加了一把锁链——“我不行，我不会成功的”。那么，想想你自己，你的心里是不是也有这样一条细铁链？于是本该属于你的独特的成就就被自己这样在心中抹掉，并开始向环境低头，甚至于开始认命、怨天尤人、安于现状、不思进取。

人们常说：“最大的敌人是自己。”生活中有许多人之所以总是失败，并不是因为他水平不够，相反很可能是因为他们不够自信，不够相信自己，在追求成功的道路上他们首先被自己的不自信束缚住了手脚，所以他们不能正确地估计自己，不能相信自己也能做出非凡的事情，事实上，能不能做出更出色的事情首先需要我们有足够自信，敢去想，敢去做，只有这样一切才有可能。任何事物，你想能够就能够，你想不能够就不能够。只有跨越自己为自己设置的障碍，才能使自己的潜能得以发挥，获得生命中属于自己的一片天空。

相信自己就能创造奇迹，是否真的如此，我们何不自信一次，看看结果呢？自信是直面人生的一种勇气和内在气度，它可以鼓舞我们的生命，让我们斗志昂扬，永不退缩地达到成功的彼岸。

挣脱你心灵的锁链

一个人成就的大小，与其信心大小一定是成正比的。如果你想成功，就请打破你为自己设置的那些心灵锁链，充满自信地迎接生活的每一天，坚定不移地朝着自己的既定目标走下去吧。

第一，打破一直担心“别人会怎样想”的心灵锁链。有的时候，当你想做一件事情的时候，首先想到的不是成功，而是如果失败了“别人将会怎么看”。这是一种最普遍而且最具自我毁灭性的心理状态。这种“别人”式的想法是一种强而有力的锁链。它不仅会伤害你的创造力和人格，还有可能把你原有的能力破坏殆尽，使你永远只停留在原地。这里给你推荐一种简单易行的方法，为摆脱这种“别人”式的心灵枷锁，你不妨想一想，首先你要清楚“别人”并不是“先知先觉”，他们往往都是“事后诸葛亮”。然后要送给自己一句话并时刻提醒自己：走自己的路，让别人去说吧！不要管别人会怎么去想，怎么去说。

第二，打破认为“为时太晚”的心灵锁链。人的一生要经历许多的成功与失败，并不是说成功者就不会失败，就没有失败过，往往是越成功的人，他们所经历的失败也越多。成功没有时间的先后，只要奔着自己的目标努力，都会有所回报的。然而，许多失败者都觉得再重新拼搏就太晚了，无法再创业了，于是对自己的未来完全妥协，逆来顺受地熬日子。为了解除这种“为时太晚”的锁链，这里给你一个建议，看看那些社会上的活跃人物，不去理会年龄的限制，并下定决心，不断奋斗，所谓“春蚕到死丝方尽，蜡炬成灰泪始干”，成功与年龄无关，重新开始永远为时不晚。

第三，打破背着“过去错误”的心灵锁链。有这么一群人，他们害怕再次尝试，因为他们曾经失败过，受创很深，所谓“一朝被蛇咬，千年怕井绳”。但是，如果你能真正理解“失败是成功之母”的话，你就不会害怕失败。而如果你把失败看成是成功路上所要学习的一笔财富的话，那么你就不会被失败所打倒。这种类型锁链的解决方法是，你完全不必把“过去的错误”看得太重。其实那根本不能算作失败，只能算是受教育，它能教会你许多事情，使你更加成熟。

第四，打破担心“注定会失败”的心灵锁链。这是一种非常普遍的心理。一旦失败，便将自己初始的动机统统扼杀。他们不断重复着说：“早知如此，何必当初！”他们因此把自己看得渺小，无法真正透彻地看清自己。为了摆脱“注定会失败”的锁链，你不妨保持积极的态度。切莫在不经意中将自己的创新意识抛弃。只要想着“我将要成功”而不是“会失败”；“我是一个胜利者”而非“一个失败者”。摆脱自己的心灵锁链，寻找一切能助你成功的方法，你会惊喜地发现，当你能够左右自己心灵的时候，你同样也能左右自己的行动，从而取得成功，拥有属于自己的一片天空。

永远别跟自己的天性对着干

世界上最愚蠢的行为，就是跟自己的天性对着干。然而，在很长一段时间里，人们一度津津乐道于水桶理论，说水桶里的水总是从最低的那块木板形成的缺口流出去，所以，决定人生成败的不是那根最长的木板，而是那根最短的木板。在这种理论的指引下，人们讨厌自己的短处，为自己的缺陷而羞愧，一个劲儿地忙着补短、补缺，而对自己天生的长处不管不问。

这实在是不折不扣地逆“天”而行。的确，一个木桶能装多少水，取决于它最短的那根木板。但是，我们毕竟不是木桶。决定一个人有多大成就的，永远是他最精通的那一项能力，就如决定一座山峰高度的，永远是山巅的那块石头。所以，不管什么时候，你都不必刻意去要求自己，根据自己的能力去做事，才有真正的喜悦。

狐假虎威续

狐假虎威这件事，很快地在森林里传为笑谈。老虎羞愧不已，觉得抬不起头来，于是，就躲到了森林的边缘。

这一天，老虎又躲在草丛里为自己曾经的愚蠢行为懊悔不已时，看见森林里最有智慧的黑熊老师带着几个学生在森林里踏青。黑熊老师边走边教育弟子们：“一个木桶能装多少水，不是取决于它最长的那块木板，而是最短的那块……”老虎听了，心中灵光一闪，豁然开朗。少了狐狸那样的智慧，正是自己最短的那块木板啊。

老虎决定弥补自己的这项缺陷。从此，一有空闲，他就跟着黑熊老师学习各种知识。老虎非常刻苦用功，渐渐的，他的知识越来越丰富。随着学习的逐渐深入，他又发现，他还有许多其他短处。于是，他又向猴子学习爬树，向羚羊学习奔跑，向老鼠学习掘土。每一项本领，老虎都学得不错。从此，老虎做为森林里技能最全面的动物，名扬森林王国。

后来，老虎又遇到了狐狸，他再也不听狐狸的巧舌如簧，狠狠地惩罚了狐狸。老虎终于一雪前耻，他为自己当初的选择得意不已。

可是，有一天，老虎捕猎时遭遇了两只凶猛的猎豹。双方发生了激烈的战斗。几个回合下来，老虎就败下阵来，躺在了血泊之中。原来这几年来，老虎一直忙于学习各种本领，反而无暇训练自己曾经最引以为傲的撕咬搏斗的能力。

其实，一只老虎，就算不如狐狸狡猾，不如猴子会爬树，不如羚羊跑得快，又有什么关系！只要他的爪足够尖，牙足够利，就丝毫不减其森林王者的风范。就如，韩信不必会耕地；诸葛亮也不必会经商；陈景润，又何需要左右逢源八面玲珑呢？

然而，日常生活中，很多人总是希望获得他人的掌声和赞美，博取别人的羡慕。为此，不惜盲目地逞强，在自己不足的地方较劲，整天为自己能力所不能及的事情而苦苦奔忙。久而久之，生活就会变成一种负担和苦闷，而不是充实和享受了。

我们都知道，鸟儿有飞翔的翅膀，所以它们选择了蓝天；鱼儿因其善水，所以遨游江河湖海……万事万物皆是依靠自己的长处，在世界中占有一席之地，如果要是反过来呢？可想而知，鸟儿只会溺水身亡，鱼儿也会因干涸而死。其实我们人类也是一样，一个人最悲哀的事情，莫过于用自己一生或者大半生的时间去弥补自己的缺陷和短板，而无视自己的天性和天赋，无视自己的特点和价值。

古人说，智者有所不虑，巧者有所不为。实际上，人最应该做的事情不是去补短，而是去拉长自己的天赋。例如，莫言的短板是搞房地产，他的 800 万奖金，在北京二环内也买不到一套像样的房子。如果莫言努力补短，依靠短板生活，在房地产界他也只能排在末流。不过，莫言并没有去补短，而是去拉长。他把自己能写小说的长处不断拉长，一直拉长到了诺贝尔文学奖的领奖台。同样，巴菲特的长板是炒股，如果他要弥补自己文学的短板，恐怕只能是一个蹩脚的编剧，连一部烂片也编不出来。

所以说，要想成为最好的自己，就要懂得从实际出发，积极地扬长避短，善于经营自己身上的闪光点，这样才能获得成功的机会。

只扬长不补短

从根本上来看，补短是试图改变自己的天性和天赋，成为最好的别人；扬长，是按照天性和天赋去做真实的自己，做最好的自己。如果可以选择，我们当然都希望做真实的自己。只扬长不补短，不要因为别人的嘲笑而感到丢人，也不要因为别人看不起你而羞愧。如果你能将做水桶的木板拉长，长到能做一条船，你就一定能够在人生的海洋中乘风破浪，永不迷失！

而一个人要想做到只扬长不补短，首先就要知道如何客观地评估自己的优势（长）与劣势（短）。事实上，做到实事求是地看待自己的长处和短处是很困难的。人们有时甚至将长处视为短处，将短处视为长处。这里提供五个简单易行的办法，供你在寻找自己的长处时参考。

第一，经常在某一方面受到他人真诚的称赞，说明你在这方面比别人优秀。

第二，排除楞头青式的狂妄，如果在某一事件上对别人的做法不屑一顾，常常会想“如果是我就会怎样做”，那你可能在这方面存在一定优势。

第三，对某件事情乐此不疲，不管时间是否充裕，总是喜欢去做，而且较少存在挫折感，说明你对它有兴趣，而兴趣与长处在很多时候是能够契合的。

第四，如果某件事做起来游刃有余，也说明你在这方面存在优势，因为“善于”，所以“有余”。

第五，请亲戚朋友帮自己鉴别。因为一个人认识自己多少有些主观成分，认识别人却会客观一些。

当然，这五个方法并非绝对可靠，但如果你能将这五个方法综合起来评估自己，结果将会更客观。

缺陷背后总是藏着一些令人惊奇的优点

缺点与优点有时候并不是绝对的。天生万物本来就各有其用，某种情况下的缺点，换一个场景可能就是优点了。比如一个说话大嗓门的人，在嘈杂的地方、或是需要找人的时候，就能很好地发挥作用。所以说，即使你觉得自己有很多弱点，很多缺陷，也不能因此而失去自信，学会审视自己，打破思维常规，就能像美丽的凤凰那样，总是昂首挺胸地展示着绚烂的羽毛，让所有的人忘记，它还有一双丑陋的脚。

懦弱的强者

19 世纪末，一个男孩降生于布拉格一个贫穷的犹太人家里。随着男孩一天天长大，人们发现他虽生为男儿身，却没有半点男子汉气概。他的性格十分内向、懦弱，也非常敏感多虑，老是觉得周围的环境都在对他产生压迫和威胁。防范和躲避的心理在他心中根深蒂固、不可救药。

男孩的父亲竭力想把他培养成一个标准的男子汉。希望他具有宁折不屈、刚毅勇敢的性格特征。在父亲那粗暴、严厉却又很自负的斯巴达克式的培养下，他的性格不但没有变得刚烈勇敢，反而更加懦弱自卑，并从根本上丧失了自信心。以至于生活中每一个细节、每一件小事，对他都是一个不大不小的灾难。

他在惶惑痛苦中长大，整天都在察言观色，小心翼翼地猜度着又会有什么样的伤害落到他的身上，时常独自躲在角落里悄悄咀嚼受伤的痛苦。看他那样子，谁也没指望他能干出什么成绩来。

是啊，这样的孩子，你能指望什么呢？你能够让他去当兵，去冲锋陷阵，去做元帅吗？不可能，部队还没有开拔，他也许就已当逃兵了。让他去从政吗？依他的智慧、勇气和决断力，要从各种纷杂势力的矛盾冲突中寻找出一种平衡妥当的解决方法，那更是可望而不可及的幻想。他也做不了律师，懦弱内向的他怎么可能在法庭上像斗鸡似的竖起雄冠来呢？做医生则会因太多的犹豫顾虑而不能果断行事，那只会使很多的生命在他的犹豫中失去治疗的最佳机会。看来，懦弱、内向的性格，确实是一场人生的悲剧，即使想要改变也改变不了。

然而，你能想象这个男孩后来的命运吗？这个男孩后来成了世界上最伟大的文学家之一，他就是卡夫卡。

卡夫卡的成功，生动地表达了这样一个观点：缺陷背后总是藏着一些令人惊奇的优点。卡夫卡内向、懦弱、多愁善感的性格，正好适宜从事文学创作。在他营造的艺术王国中，他的懦弱、悲观、消极等弱点，反倒使他对世界、生活、人生、命运，有了更尖锐、敏感、深刻的认识。因此，他才能在作品中，把荒诞的世界、扭曲的观念、变形的人格，解剖得更加淋漓尽致，从而给世界留下了《变形记》《城堡》《审判》等不朽的巨著。

其实，世界上没有一样事物有绝对的好与坏之分，从一个角度看是缺点，换一个角度看它也许就变成了优点，对这一“缺点”加以合理利用，就可以收到化不利为有利的效果。例如，美国内布拉斯加大学的一项研究显示：“坏性格”甚至可能激发一些特殊才能。比如性格多疑的人，虽难以被他人接受，但他们观察细致、三思而后行，在从事一些繁琐任务时，往往相当出色。天生攻击性强的人，虽然为人鲁莽、爱惹麻烦，但最容易调动积极情绪，适合打头炮，当一名攻关的“开路先锋”。依赖性强的人，缺乏进取心，但他们作为助手却会让人觉得非常贴心，有助于增强凝聚力。

当然，我们并不是说越有弱点和缺陷越容易成功，但它至少可以给我们提供这样一种观点：如果运用得当，完全可以克服自己的不足之处，甚至还能把缺点变成优点，巧妙地展现出来。

善用逆向思维

不过，要想让今天的缺点变成明天的优点，并不是一件容易的事，因为人们更习惯于循着事物发展的正方向去思考问题，比如对于缺点，我们常常先想到去掩饰而非利用。但是，如果我们可以掌握一种逆向思维方式，就可以化弊为利，找到更好的解决方法。

对于缺点，逆向思维的主旨就在于“缺点即优点”。它强调的是反过来考虑如何直接利用这些缺点，做到“变害为利”。也就是说，针对你本身的缺点，除了采用“改进”策略以外，更希望做到的是成本更为低廉的“直接利用”。你可以依循下面的步骤搜索身边的“缺点”，练习逆向思维。

第一步，找到自己身上的弱点或缺陷。在这里你可以采用智力激励法，也可进行广泛的调研、征求他人的意见等。

第二步，将呈现在你面前的一个或数个缺点加以归类、整理。

第三步，针对每一个缺点进行分析，寻求变废为宝、化弊为利的可能。这一步最关键的就是“逆”，要用逆向思维处理这些缺点。关于这一点，我们举一个生活中常见的例子：很多摄影者在拍集体照时总是先数“3、2、1”，可是尽管人们都尽量睁大了眼睛，可总会有一些人在数到 1 的时候坚持不住眨了眼。那么，运用逆向思维解决这一弱点，就是不用保持眼睛睁开，闭上眼睛。也就是说，大家都闭上眼睛，喊“3、2、1”后再一起睁眼，那么就不会有闭眼的情况出现了，这就是逆向思维的魔力。

“有时我们输了，其实是赢了；有时我们赢了，但却是输了。”这是电影《美梦成真》的经典台词。如果你还在为自己的缺陷而自卑，那就赶紧试试上面的方法吧，你会发现，缺点，可能就是优点本身！

给自己定位，不迷失在别人的成就里

在这个世界上，我们每个人都在苦苦追寻自己的理想。可遗憾的是，能实现梦想的人少之又少。之所以有如此多无法实现梦想的人，往往是因为一开始他们就没有给自己一个准确的定位，在别人的成就里，做着自己的白日梦，那么，最终梦想也就只能变成泡影。

雨伞和雨衣

雨伞和雨衣是一对好朋友，每到雨天，都很忙碌，它们过得充实，也很快乐。可是，自从主人买来自行车后，雨天就只披雨衣，把雨伞晾在一旁。每次出门，雨伞都很羡慕雨衣，看着它在主人身上一飘一飘的，就不见了。不过，它倒也乐观，总用些宽心的话安慰自己：雨天挺冷，在家休息挺好，主人真关心自己。但多嘴的风扇老会问：“雨伞，又闲着呢，怕是要发霉了，还没机会出去活动活动啊？”听风扇这么一说，雨伞心里隐隐有些不快，特别是雨衣满载而归时，这种感受尤为强烈，像根针扎在心上。大半个夏天快过去了，雨伞都没工作过几次，它越来越怨恨雨衣，嫉妒占据了它的生活。

一天，雨衣刚工作完，就舒舒服服躺在一边睡觉，雨伞觉得这是个好机会，于是来到雨衣旁，用伞头把雨衣扎了个洞。干完这一切，它满意地回到角落。夜里，听见雨衣在呻吟，雨伞露出从未有过的笑容。

又是一个雨天，主人把雨衣拿出来，发现有个破洞很心疼。于是用剪刀从烂衣服上剪下一块布，缝在雨衣上。因为主人的手巧，补丁变成了一朵美丽的花，雨衣比以前更漂亮，主人又披上它欢快地走了，这下，雨伞气得大哭起来。

晚上，雨衣和雨伞聊天，雨衣真诚地对雨伞说：“雨伞，你看你多好，皮肤越来越白，越看越年轻，而我恐怕快不行了。这些日子，风里来雨里去的，没多少日子咯！”雨伞羞愧地低下头，一五一十把心里的委屈统统道了出来。

雨衣告诉它：“春天来了，你会明白，那是属于你的季节，人们需要你，而不需要我！你可以走在明媚的阳光下，为人们挡去刺人的光线。”雨衣和雨伞又做回先前的好朋友。

很多时候，我们也会像雨伞一样，在别人的成就里迷失着自己：梦想着自己有朝一日也能像那些成功人士一样年薪百万，拥有亿万家财，住在霓虹灯闪烁的别墅里，每天吃着燕窝鱼翅，身边美女环绕，开着宝马奔驰，过着一掷千金、纸醉金迷的生活……

但是，自己主观上期待的成功，与客观上获得的成功完全是两码事，俗话说“没有金刚钻，别揽瓷器活”就是这个道理。我们只是普通人，没有能力也没有必要去参与和决定那些所谓的大成就，我们要做的就是努力让自己的小事业不断蒸蒸日上，让自己的小日子过得有滋有味。正如俄国19世纪伟大的作家契诃夫说过的一句话：世界上有大狗叫，也有小狗叫，无论是大狗还是小狗，它们都有叫的权利。与那些杰出的大人物相比，我们可能普通，但绝不卑微。无论是在学习上，还是生活中，每个人都要在强烈的竞争环境中客观对待自己。其实用自己的标准来衡量自己，我们每个人都是成功者！

而且，很多时候，对于别人的成就，你也并非完全了解。有人就曾直言不讳地说道："不要痴迷于从成功人士的传记中寻找经验。这些书大部分经过精致包装，不会告诉你很多重要的事实，盖茨的书不会告诉你他父母是 IBM 董事，是他们给儿子促成第一单大生意；巴菲特的书只会告诉你他 8 岁就知道去参观纽交所，但不会告诉你是担任国会议员的父亲带他去的，由高盛董事接待的。"所以，即使你的主观设想再好，如果看不清自己的位置，盲目去追求不可能实现的目标，也很难取得惊人的成绩。

建立自己的成功模式

在社会的喧嚣中，人很容易在别人的影响下迷失自我，看不清自己真正的价值。事实上，成功并没有一个固定的模式，每个人都可以根据自己的情况建立属于自己的成功模式，实现自我价值。

首先，正确定位。只有正确定位，自己才能更好地找准自己在社会上的位置，更好地适应社会，适应环境，不断获取新的发展。而给自己定位最准确的人选也是自己，因为只有自己才知道自己的潜能，知道自己的长处，知道怎样挖掘自己的长处。

其次，量力而行。无论做什么事情，既要考虑自身条件和能力，又要考虑外部因素。这就要求我们根据自己的能力来生活或者做事，这样就不会心有余而力不足。强迫自己硬要达到不切实际的所谓高标准，不仅会使自己整天紧张焦虑，还会使自己过早地耗尽精力，从而对生活失去乐趣，对人生丧失信心。

再次，坚持不懈。任何成绩的取得、事业的成功，都缘于人们不懈的努力和执着的探索追求；浅尝辄止，一曝十寒，朝三暮四，心猿意马，只能收获两手空空。而且，许多事情看起来败局已定，但其实只要我们再坚持一段时间，并付出巨大的努力，往往就会“柳暗花明又一村”。

最后，自我控制。要建立自己的成功模式，还要具有不断增强的控制进程的能力。既不能像恶霸之类的做些巧取豪夺之事，也不要被眼前的一点蝇头小利所迷惑，培养起持续发展、支配财富、自我控制的能力，保证自己始终在一个正确的轨道上发展。

记住，人人都要有希望，但不要奢望，因为奢望会使人失望。把别人的成就看作对社会的贡献，而不是对自己权利的剥夺或地位的威胁，你就不会迷失自我；将别人的成功当成一道美丽的风景来欣赏，你就会在各方面都达到一个更高的境界。

唤醒你身上沉睡着的宝藏

美国著名的富尔顿学院心理学系的学者们说：“编撰20世纪历史时可以这样写：我们最大的悲剧不是恐怖的地震，不是连年战争，甚至不是原子弹投向日本广岛，而是千千万万的人从生到死，从未意识到存在于他们身上的巨大潜能。”

那些比你成功的人，原本和你一样，只是他们唤醒了自己身上沉睡着的宝藏。

从“花生豆”到奥运冠军

有这样一个人，在他两岁时，身体忽然停止了生长，健康状况也出现恶化。后来经专家诊断，发现他患上了一种罕见的阻碍消化和吸收食物营养的疾病，他只能通过静脉注射营养液逐渐恢复体力，但是医生告诉他，他的生长发育会受到限制，身高几乎不会再长了。

在医院里度过 7 年之后，他终于走出了那里，然而他的身体仍然非常虚弱瘦小，因为营养吸收受限，他的鼻子里总是插着一根通到胃里的鼻饲管，管子的另一头用胶带贴在他耳朵后面，他的瘦弱和他奇怪的样子遭到了其他孩子的嘲笑，还把他称为“花生豆”。

父母经常带着他的姐姐苏珊去滑冰场滑冰，每次也会把他带上，有一天，他看着在滑冰场上自由滑行的姐姐，忽然转身对父母说：“我也想试试，我想我也可以。”这让他的父母大吃一惊，但是为了满足他的愿望，父母还是尊重了他的选择。难以置信的是，这样一个瘦弱的孩子竟然对滑冰产生了浓厚的兴趣，在他的心里，身高和体重都不重要，在冰场上他有着超过任何人的信心，他在滑冰场上找到了很多乐趣。而且，更令人称奇的是，在第二年的健康检查中，医生竟然发现他的身高增加了，而且他的身体也在慢慢康复。这个消息让他的父母和家人都感到很高兴。

后来再也没有孩子嘲笑他、戏弄他，虽然他只有 1.59 米高，52 公斤重，但是这并不影响他对滑冰的热爱，在一次世界职业滑冰巡回赛中，他更是运用一系列高难度动作征服了所有观众。

他就是前奥运滑冰冠军斯科特·汉密尔顿。

任何成功者都不是天生的，成功的根本原因是开发了人的无穷无尽的潜能。汉密尔顿的成就，正是他坚信自我的意志迸发的巨大潜能所带来的。心态决定方向，角度决定高度，心有多高，生命就有多高，生命的价值总是依托心灵去定义的，一个人若是对自己不以为然，甘愿承认自我的平庸和渺小，那么他便会就此平庸一生，成为沧海一粟；如果他坚信自己潜力巨大，那么他便会循着心灵的方向，逐渐打开生命潜能的闸门，不断提升自己的人生高度和生命价值。

然而，我们中绝大多数人最大的问题就在于从来没有被唤醒过，他们对于人生的期待，对于自我的要求很低，所以他们的潜能一直沉睡着。或者是直到晚年才真正认识自身的能力，但往往是为时已晚，再也不可能有大的作为了。因此，越早对自身的潜能有一个清醒的认识，越能尽可能有效地发掘自己生命的潜力，在最大程度上实现自我的价值。

有句话说得好，世界上不缺少美，而是缺少发现美的眼睛。法国著名作家罗曼·罗兰说："每个人都有他隐藏的精华，和任何别人的精华不同，它使人具有自己的气味。"你如果能知道自己隐藏的"精华"在哪里，用心开发，小心耕耘，这些"精华"就可以使你的理想变成现实，带你直达成功的彼岸。

唤醒你的潜能

道理人人都懂，但唤醒自己体内的潜能却并非人人都可以做到。通常，它们都深深地理在体内，你只有抱着积极心态去开发，潜能才可以帮助你取得你所向往的一切成就。

首先，找出自身优势。给自己的心灵放一次假，安静地坐下来，认真地观察和衡量一下自己，找出那些阻碍和制约自己前进的因素。要一遍又一遍地对自己说："为什么别人能有这么不凡的业绩，而我却没有？"不时地问一下自己："别人能够实现自身的价值，为什么我就不能呢？"在这种自我发问和诊断中，能在自己身上发现很多宝贵的品质和能力。

其次，学会自我激励。在这个世界上，真正能打败你的只有你自己——这是命运面前的强者以自身感受总结出的真理。一个人若总是进行积极的自我暗示并开发自己的巨大潜能，就能获得超群的智慧和强大的精神力量。

再次，身处积极环境。任何能够使我们真正认识自我，能够唤醒我们全部潜能的东西都是无价之宝，比如书籍，比如朋友。生活中，不乏这样的实例：无数人在阅读一本激励人心的书或是一篇感人至深的励志美文时，会突然灵光一闪，蓦然重新认识了自己。如果没有这样的一些书籍或文章，我们可能永远对自身的真实能力懵懂无知。在交友上，也应该尽可能地和那些能够激发自己的斗志，对自己有着深切的了解，并能够促使自己思考和行动的人多接触。

总之，只要能将潜能发挥出来，我们都可能成为某方面的天才。无论他人对我们的评价如何，无论我们面前有多大的阻力，只要我们相信自己，相信自己具有某方面的潜能，我们就要通过实际行动来体现自己。不要对新的环境感到胆怯，世界是属于我们的，我们只要抹去身上的灰尘，在某个时刻将潜能发挥出来，就一定会有所作为。

必先付出，才会杰出

成功，是人人羡慕，也是人人渴望得到的。但是，多数人只看到他人获得成功的喜悦，却没有看到他人付出的艰辛。冰心曾写道：“人们只惊羡她现时的明艳，然而当初她的芽，浸透了奋斗的泪泉，洒遍了牺牲的血雨。”每一个灿烂的成就背后，都是一条艰辛漫长的付出之路。运动明星傲人成绩的背后，是烈日煎熬的汗水；文学家动人作品的背后，是孤独创作的岁月；企业家庞大财富的背后，是屡败屡战的经验。成功没有秘诀，必先付出，才会杰出。

先抽水才能饮水

一个人在沙漠中穿行，遇到暴风沙，迷失了方向。

两天后，烈火般的干渴几乎摧毁了他生存的意志。沙漠仿佛是一座极大的火炉，要蒸干他周身的血液。绝望中的他却意外地发现了一间废弃的小屋。

他拼尽了最后的气力，才拖着疲惫不堪的身子，爬进堆满枯木的小屋。定睛一看，枯木中隐藏着一架抽水机，他立刻兴奋起来，拨开枯木，上前汲水。但折腾了好大一阵子，也没能抽出半滴水来。

绝望再一次袭上心头，他颓然坐地，却看见抽水机旁有个小瓶子，瓶口用软木塞堵着，瓶上贴了一张泛黄的纸条。上边写着：你必须用水灌入抽水机才能引水！不要忘了，在你离开前，再将瓶装满水！

他拔开瓶塞，望着满瓶救命的水，早已干渴的内心立刻爆发了一场生死决战：我将瓶里的水喝掉，虽然能不能活着走出沙漠还很难说，但起码能活着走出这间屋子！倘若把瓶中这惟一救命的水，倒入抽水机内，或许能得到更多的水，但万一汲不上水来，我恐怕连这间小屋也走不出去了……

最后，他决定把整瓶水全部灌入那架破旧不堪的抽水机里，接着用颤抖的双手开始汲水……水真地涌了出来！他痛痛快快地喝了一顿，然后把瓶子装满水，用软木塞封好，又在那泛黄的纸条后面写上：相信我，真的有用。

几天后，他终于走出沙漠，来到绿洲。每当回忆这段生死历程，他总要告诫后人：在取得之前，要先学会付出。

当今世界上，有哪个人、哪件事是不需努力而获得成功的呢？人世间，不劳而获的事情终究太少太少。

“在取得之前，要先学会付出。”这个道理或许听来很平常，但真要“学会先付出”，恐怕也不是每个人都能做到的。现实生活中，许多人觉得自己的工作没有意义，或者说即使多付出，也看不到获得巨大收获的希望，便开始消极怠工、心猿意马。但实际上，过于纠结于事情的结果，或过于斤斤计较自己付出的代价，就免不了错失许多良机，或者给本应快乐充实的奋斗过程背上沉重而痛苦的包袱，结果也只能是空无一物。

其实，付出不一定要带着收获的目的。就像农民种庄稼，总是全心全意地耕耘，不管收获多少。因为他们知道丰收的必然已经孕育在勤勤恳恳的耕耘之中。收获来自两个方面：外在的收获和内在的收获。由于你的付出，你必然得到来自他人和外部世界的反馈；由于你的付出，你必然得到来自心灵内部的舒畅和愉悦。

事实上，很多时候，越是不图回报和收获，就越是能够尽心尽力地去做，就越是享受付出的过程和乐趣，也就越能得到丰厚的回报和收获。“山不问高，仍然傲然挺立，高耸入天；河不问长，仍然奔流到海，不舍昼夜。”等到积之久矣，自然水到渠成。

做一个积极的付出者

如果你希望得到自己所羡慕的人生，那么，任何时候，都需要保持积极付出的心态，从始至终、永不放弃。特别是在人生不如意、不顺心、不快乐的阶段，更是需要拥有充足的心灵资源来支撑度过。不要计较眼前的得失，当你具备了先付出的心态，就离成功只有一步之遥了。

首先，有目标地付出。在人生的道路上不要做任何无意义的、盲目的付出。一个想要找到金矿的采矿者，如果认为在海滩上挖掘更容易，而到那里寻找金子的话，不管他的计划、准备工作做得多么充分，他找到的肯定只是一堆堆的沙土和贝壳。因此，就算是下定决心要付出一切，也要先确定目标，并确认这目标是不是正确。这样，事情才会按照预定的轨道发展，努力的付出才不会付诸东流。

其次，无私地付出。成功需要的是——天时、地利、人和，也就是说，一个人之所以会成功，除了客观因素，还少不了众人的帮忙。而一个能获得众人帮助的人，往往是对别人很无私的人，因为他的无私，别人愿意尽自己的努力来成就他。对别人无私，不因为别人的成功而嫉妒，为成就别人无私奉献自己，同时，也是在帮助自己获得成功。如果你害怕别人成功，你也不可能成功；如果你嫉妒别人成功，你更不可能成功。人只有无私才能集中最大的力量成就自己。

再次，始终坚持地付出。不坚持，所有的付出都会大打折扣。成功是一个持续不断的过程，如果仅仅是走上了成功的道路而不坚持一直走下去，那么即使你之前已经有所收获，最终的结果也往往是半途而废。无论是风雨阴晴，始终记得坚持到底，你的人生一定会是成功的人生。

总而言之，如果“付出”是一种投入的话，那么“杰出”就是产出。任何时候，投入与产出都是能成正比的！只要目标明确，方法有效，经过持之以恒、永不放弃的努力，一定可以登上心中那座神圣的山峰！

04

破碎就破碎，要什么完美？

不完美怎么了，要什么完美？即便他人的人生看似是你梦寐以求的，但别忘了自己也是独一无二的珍品。从此后，不苛求做一个完美的人，不企图寻找一个完美伴侣，更不假设一段完美人生。瑕疵与遗憾，都是命运的真相，也是人生的必需。以你想要的方式，走完你独特的一生。

人生正是因为缺憾而圆满

我们总是希望自己能有完美、圆满、至善的人生，希望拥有最好的际遇，而不要有所欠缺。殊不知，人生的美好，并不在于完美。很多时候，就是因为有些缺憾，才会懂得珍惜，懂得努力。在期待“更圆满”的过程中，才会希望无穷。

完美的圆圈

有一个小圆圈，它天生就缺少一段弧。它为了让自己变得完美，开始四处寻觅属于自己的那段弧线。因为残缺不全，小圆圈只能在路上慢慢地、跳跃式地滚动。不过，这反而让它在找寻圆弧的路程中感受了快乐与期待：它既可以看到路边青翠雄伟的高山、清澈冰凉的流水，又可以听到婉转动听的虫鸣和鸟叫，还可以享受大自然的美妙。

一路上，小圆圈也看到了各种不同的碎片，但拼接出来之后的圆圈并不完美，所以它只能把它们留在路边，依旧一边欣赏着青山绿水、享受着鸟叫虫鸣，一边继续寻找着属于自己的完美。

终于有一天，小圆圈找到了一段非常合适的圆弧，无论是弧度、大小，都与自己配合得天衣无缝。已经完美的小圆圈兴奋极了，在路上快乐地飞奔起来。

不久之后，小圆圈就觉得自己比找寻圆弧的时候还要累，它想停下来休息，却发现自己已经完全无法控制速度，因为它实在太圆了，滚动起来几乎毫无阻力。它的速度无法慢下来，遇到下坡的时候，更是越滚越快，以至于路边的景色看起来一片迷茫。它想叫鸟兽虫鱼来帮帮自己，可自己一转眼便超越它们而去。于是，这个最完美无瑕的圆圈，从此便孤孤单单地在世界上不停地滚动着，一刻也停不下来……

你是不是也曾经在有所失去的时候，特别盼望能够恢复完整？其实，能如残缺之圆继续在人生之途滚动并细尝沿途滋味，才算是一个幸福而完整的人。

其实，不止人生，世界上任何事物都是一样的，没有缺憾，就会变得单调乏味。亚历山大大帝因为没有可征服的土地而痛哭，喜欢玩牌者若是只赢不输就会失去打牌的兴趣。可以说，只有带着缺憾的人生，才是真正的人生。法国诗人博纳富瓦说得好：“生活中无完美，也不需要完美。”我们只有在鲜花凋谢的缺憾里，才会更加珍视花朵盛开时的温馨美丽；只有在人生苦短的愁绪中，才会更加热爱生命；也只有在泥泞的人生路上，才能留下生命坎坷的足迹。

然而，现实生活中，我们却总想把缺憾从生活中驱逐出去，即使它们本来对我们的生活不会造成多大影响。结果，在我们将生活的缺憾驱逐出去的同时，生活的意义也随之消失了。何不就将它们视为我们人生必要的组成部分呢？维纳斯女神像失去了臂膀，却留给了人们无限的遐想空间，因而将她映衬得更加美丽。我们人生中的缺憾也是这样，虽然没能拥有完美，但是我们的人生却因为缺憾而更加丰富，更加具有内涵，更加值得我们咀嚼和回味。所以，无需再羡慕别人所谓的“完美”人生了，他们一样有生活的缺憾，我们也总有幸福的所在——也许我们没有豪华别墅，但是却拥有一个温馨的小家；也许我们没有很高的薪水，但是却有一个安逸的环境。不管怎样，我们都可以让自己过得阳光明媚。甚至也正是因为有了这些“不完美”，才会使我们更加珍惜生命中的美好，才更加坚定了我们对生活的执着追求，来挖掘生命的价值和意义，让自己活得更加精彩。

让不完美的人生完美化

人生是没有圆满的，你不能得到一切，你永远不会是最幸福的人。然而，我们所拥有的，是另一种圆满——从遗憾中领略圆满。而一颗感恩的心就足以让不完美的生活“完美”化、幸福化。

因为只有常怀一颗感恩的心，才能勇敢地面对生活中的坎坷，坦然接受命运的挑战，豁达处理，坚韧不拔，就会在“山重水复疑无路”时，体会到“柳暗花明又一村”的惊喜。

因为只有常怀一颗感恩的心，才能越过冷漠与麻木，在享受父母和朋友的关怀与关心时，不会觉得是理所当然，也会试图用爱回报父母和朋友。才会不埋怨、不退缩，用自己的方式顽强地生活。更加知足和珍惜幸福，才会发现这个世界是如此美好。

因为只有常怀一颗感恩的心，才会对别人给予理解与宽容，哪怕自己曾经被人误解或亏待。

因为只有常怀一颗感恩的心，才会以知足的心态去观察和珍惜身边的人、事、物，让自己在渐渐平淡乏味的日子里，发现生活本来是如此多彩与快乐。让我们在遗憾缺失中，领悟和品味命运的馈赠与生命的完整吧！

尽善尽美的背后是不完美

希望自己所做的事情尽善尽美，这本无可厚非，甚至很多时候，它确实让许多人走上了成功之路，然而，更多的人则是因此而失去了行动力。

电锯与钉画

甲要在客厅里钉一幅画，请邻居乙来帮忙。画已经在墙上摆好，正准备砸钉子，乙说："这样不好，最好钉两个木块，把画挂上面。"甲就遵从乙的意见，让他帮着去找木块。木块很快找来了，正要钉，乙说："等一等，木块有点大，最好能锯掉一点。"于是便四处去找锯子。找来锯子，还没有锯两下，"不行，这锯子太钝了，"乙说，"得磨一磨。"乙家有一把锉刀，锉刀拿来了，他又发现锉刀没有把柄。为了给锉刀安把柄，他又去一个灌木丛里寻找小树。要砍树时他又发现甲那把生满锈的斧头实在是不能用。于是，乙又找来磨刀石，可为了固定住磨刀石必须得制作几根固定磨刀石的木条。为此他又去找一位木匠，说木匠家有现成的。然而，这一走，就再也没见乙来。当然了，那幅画，最终还是甲自己用一个钉子钉在了墙上。当甲再看见到乙的时候，是在街上，乙正在帮木匠从五交化商店里往外搬一台笨重的电锯。

我们总觉得万事俱备会降低做事的出错率，然而凡事都有一个度，过于热衷完美，就会与自己的初衷脱节，反而会使我们失去成功的机遇。

或许，凡事追求尽善尽美，会让你一开始工作时有一股永不罢休的劲头，但后来却会衰减，原因就在于尽善尽美的背后，一定是此起彼伏的不完美，而你顾及不了那么多，最后只有认输。比如，你是一个完美主义者，在节食的时候，就会认为自己或是“进行得很好”，或者是“完全失败”，你有严格的标准加以衡量。因为“拥有一切或一切全没有”的绝对思维方式，是许多完美主义者特有的思维方式。如果你完全按照节食计划吃饭，你就会非常高兴，这时你就觉得自己正处于“圣人状态”；可一旦偶尔违背了这个完美的计划，你那追求完美的节食动机就失去了，接着就会引发你的“罪过”心理。所以，完美主义者的思维轨道就是：太高的目标→极易失败→心灰意冷→更高的目标→再次失败→自信再遭打击→更完美的要求。而正确的思路及其实际效果应该是：较低较容易的目标→成功或完成→自信→更高的目标→更自信。

现实生活中，无需仔细观察，我们也会发现：那些每干一件事都想把它做得完完美美的人，大多数都不是强者。而有关的心理学研究也证明，试图达到完美境界的渴望度与人们获得成功的机会成反比。过分追求完美会给人带来莫大的焦虑、沮丧和压抑。事情刚开始，就担心着失败，生怕干得不够漂亮而辗转不安，这就妨碍了全力以赴去取得成功。而一旦遭到失败，就会异常灰心，想尽快从失败的境遇中逃避，不是从失败中获取教训，而只是想方设法让自己避免尴尬的境地。

放下完美情结

既如此，就必须让自己在生活中避免过度的完美主义倾向。下面这些建议或许对你有些帮助：

首先，找到问题的根源。只有找到问题的根源，问题才好解决。许多追求完美者的问题根源就是：无论做什么事情，都喜欢吹毛求疵，过于追求所谓的最完美境界。为了从 99.9%跨越到理想中的 100%，为最终的那 0.1%付出多出正常标准很多倍的时间、精力等资源。但是我们都知道，最后的那 0.1%最难获得，和前面根本不成比例，是得不偿失的，所以我们实在没有必要刻意地去强求它。

其次，限定时间。不要为自己预留太充裕的时间去完成一件事，最好维持在那种“吃不饱又饿不死”的忧患意识中，这样你就不会有太多的闲时去管闲事。当然，也不要把时间排得太紧太满，否则会因压力过大而危害健康。

再次，不要总拿自己和那些出色者比较。他们虽然在业绩上比你强，但不见得样样都比你强。每个人都有自己的优点，应该量力而行。假如你把时间都浪费在无法取胜的事情或无法击败的对手上，你失掉的东西会更多。如果大部分人都只能做到 80 分，那你也做到 80 分就可以了；把做最后 20 分的精力省下来，可以做很多别的事情。

另外，还有重要的一点是，我们应该保持平和的心态。须知：山外有山，天外有天，要勇于承认自己不是最好的，也要明白没有人会十全十美——凡事只要付出了足够的努力，及时完成，并且可以从中取得进步，就已经是最完美的结果了。

残缺，造就另一种美

很多人因为自己的缺陷和不足而自怨自艾，其实完全没有必要。因为对每个人来说，不完美都是客观存在的，任何人总有其优点和缺点。只要把“缺陷、不足”这块堵在心口上的石头放下来，别过分地去关注它，它就不会成为你的障碍，而且，很多时候，它反而可以造就出你的另一种美。

破水桶的烦恼

在偏远的山区，有一个挑水夫，以给富裕人家挑水为生。每天挑水时，他总是小心翼翼地把两个水桶吊在扁担的两边。这样过了一天又一天，其中一个桶因为使用时间过长而裂开了一条小缝，另一个则完好无缺。每次挑水，完好无缺的桶，总是能将满满一桶水从溪边送到主人家中，但是有裂缝的桶到达主人家时，却只剩下半桶水。

一年来，挑水夫就这样每天挑一桶半的水到主人家。好桶对自己能够送整桶水感到很自豪；而破桶则对自己的缺陷非常羞愧，虽然挑水夫对它们没有任何的偏见，但破桶常常为只能尽到责任的一半而感到非常难过。

一天，破水桶终于忍不住，在小溪旁对挑水夫说："我很惭愧，必须向你道歉。""为什么呢？"挑水夫不解地问道。"过去一年多，因为水从我这边一路地漏，我只能送半桶水到主人家。我的缺陷，使您即使做了全部的工作，却只收到一半的成果。"破水桶说。挑水夫并未因破水桶感到难过，反而微笑着说："当我们回家的时候，请你留意路旁盛开的花朵。"

当他们走上山坡时，破水桶眼前一亮，它看到缤纷的花朵开满路的一边，沐浴在温暖的阳光下，这使它开心了一些。但是，走到小路的尽头，它又难受了，因为一半的水又在路上漏掉了！

破水桶再次向挑水夫道歉，挑水夫温和地说："你有没有注意到小路两旁，只有你的那一边有花，好水桶的那一边却没有开花。虽然你有缺陷，但是我在你那边的路旁撒了花种，每回我从溪边来，你就替我浇了花。一年来，这些美丽的花朵装饰了这条小路，使每个在这里走过的人都很愉快。如果没有你漏下的水，又怎么会有这些盛开的鲜花呢？”

破水桶这时才明白，原来正是自己的缺陷，才让这条小路变得如此的美丽。

很多时候，我们也会像这只破水桶一样，误解幸福和完美的意义，认为只有完美的才是幸福的。其实，就算我们是一个漏水的水桶也不必太懊恼，不必过于指责自己，因为就算我们有这样或那样的缺点，在人生路上也总有那么几朵花是我们灌溉的。

事实上，在人世间，很多人注定与“缺陷”相伴而与“完美”相去甚远。渴求完美的习性使许多人做事小心谨慎，生怕出错，因此，必然导致其保守、胆小等性格特征的形成。在现实生活中不难发现，有的人长得一表人才，举止得体，说话有分寸，但和这样的人在一起就是觉得没意思，连聊天都没有丝毫兴致。这些人往往是从小接受了不出格的规范训练，身上所有不整齐的“枝杈”都给修剪掉了，于是便失去了独具个性的风格和神韵，变得干巴、枯萎，没有生机，没有活力。客观地说，人的性格的确存在着“缺陷美”，在实际生活中，那些性格有“缺陷”而绝不属于十全十美的人反而显得更有内在的魅力，也更具有吸引力。

欣赏自己的缺憾之美

其实，没有缺憾，也就无所谓完美。从这个意义上来说，我们都应该学会欣赏自己的不完美，因为它是自己独一无二的特征，因为有了不完美才使自己显得不平庸，甚至世界也因自己的不完美而多了一点色彩。

首先，勇敢积极地面对。很多时候，心态才是决定成败的关键，因此你要懂得，积极的心态会造就积极向上的生活。对于自身的一些缺陷，当你以勇敢的心态坦然面对时，你就是赢家。当你积极地面对缺陷时，只要放对了地方，缺陷也就变成了优势。

其次，不要总将眼光盯在痛处。引用台湾著名作家柏杨先生的一段话，就是："事物都有正反两个方面，如果在白纸与黑点面前缺乏识别能力，只注意黑点而忽略了整张白纸，那么，你的眼中就是一个黑色的世界，它逼你承受压抑、失望、焦虑和痛苦，怨天尤人、郁郁寡欢的心情就会替代原本属于你的快乐和幸福。如果不用任何借口来辩解你的过错，如果你注意的是整张白纸而不是黑点，那么，你心灵的天空就必然洁白、明朗、宁静，烦恼和痛苦也就会离你而去……"

再次，学会与你的缺陷"合作"。生活中，很多人抱怨自己的缺陷，并为它的存在而一味自卑、自暴自弃。其实，我们应该与缺陷合作，采取合理的办法，学会与缺陷共同生活、共同相处，学会欣赏自己生活中的缺陷，把这块通向成功之路的"绊脚石"转变成"铺路石"，这样，生活就会交得更轻松、更自然、更美丽。

而且，很多时候，你所认为的自身缺陷和不足，在别人眼中也可能是优势和长处。这样，当你在作茧自缚、顾影自怜时，就失去了很多的机会，也可能因此与生命中更多美好的事物擦身而过。因此，切勿将自己锁在缺陷的牢笼中，学会释怀最重要。

总之，作为独立的个人，你始终要相信，每个人都有许多与众不同甚至优于别人的地方，要善于用自己特有的形象装点这个丰富多彩的世界。也许自己在某些方面确实逊色于他人，但自己同样拥有别人所无法企及的专长，有些事情也许只有自己能做而别人却永远做不了。学会欣赏自己的不完美，并将它转化成动力，才是最重要的。

平淡无奇中也有惊人的美丽

漫漫人生路上，你是不是会常常在某一时刻突然发现自己的生活平淡至极，于是顿觉自己也平凡至极，平凡得很像一束远方的微光、一棵小草、一滴晨露。不过，我们大可不必为平凡而悲叹，因为我们所度过的每一天，实际上都是美丽的，这种美丽恰恰就蛰伏在最容易被我们忽略的平凡生活里。

肥皂泡里也有彩虹

波姬儿从小就只有一只眼睛，而且布满伤痕，她只能奋力通过那只眼睛左边的一小部分看东西。可是她拒绝接受别人的怜悯，不想让人认为她“异于常人”。

小时候，她渴望和小朋友做游戏，但苦于看不清地上画的线。当别的孩子回家后，她就趴在地上认准画好的线，等下次再和小伙伴玩。

长大后，她在家里看书，得把印着大字的书靠近她的脸，甚至近到眼睫毛都碰到书页上。但即使如此，她仍然凭着顽强奋斗的意志和努力，得到了两个学位：先在明尼苏达州立大学得到学士学位，后来在哥伦比亚大学得到硕士学位。

后来她开始教书，在明尼苏达州双谷的一个小村子里，然后慢慢提升到南德可塔州奥格塔那学院，成为新闻学和文学教授。她在那里教了 13 年，也在很多妇女俱乐部发表演说，还在电台主持谈论书籍和作者的节目。

直到1943年，波姬儿已是52岁的老妇时，奇迹出现了！著名的美友医院为她动了一次成功的手术，她看得见了，比她以前所能看到的还要清楚几十倍！

一个崭新的、令人兴奋的可爱世界呈现在她眼前。她甚至在厨房水槽洗碗的时候，都会有战栗的感觉。在她的书中，波姬儿写道："我开始玩洗碗盆里的肥皂泡沫，我把手伸进去，抓起一大把小小的肥皂泡沫，我把它们迎着光举起来。在每一个肥皂泡沫里，我都能看到一道小小彩虹闪出来的明亮色彩。"

这么一个平凡的不能再平凡的肥皂泡，一个持续而短暂的过程，一个小小的瞬间，波姬儿所感受到的就是幸福！生活在这种平凡幸福中的我们，千万不要等到失去之后才体会到它的美好。

遗憾的是，现实生活中，很多人都是向往豪门贵族的生活，而对平凡不屑一顾，尽管他们几乎一生都是在平凡中度过的。当久未见面的朋友相互问候时，人们往往大手一挥，说："过得很平常！"漫长的岁月便被一语带过了，殊不知人生中的情趣也随之一挥而去了。

住着舒适的别墅，喝着高级的咖啡，开着昂贵的轿车……那样的生活对我们确实具有很强的吸引力，但当我们以一种极为珍惜的感情，平平常常地生活时，也会意外地发现：平淡无奇中也潜藏着惊人的美丽，那披着灿烂云霞的黎明，那熙熙攘攘的自行车流，那提篮买菜听到的大声吆喝，那厨房里锅碗瓢盆的交响曲，那羽毛般洁白的流云，那五彩缤纷的花朵，那花朵般迷人的少女，那少女般柔情的湖水，无不令人怦然心动。

其实，平凡才是人生的纯真境界，也是一种简单而美好的境界。平凡的生活，可以很自由，你可以尽情哭泣，或者大笑。因为你的平凡让自己不会太引人关注，反而在这份平凡中享受到了一种惬意和潇洒；平凡的生活，可以很温馨。早上去上班，轻轻地跟伴侣说声“再见”，晚饭后，抱着孩子，牵着伴侣的手，在夕阳的黄昏下漫步。这种生活很简单，但是却很真实；平凡的生活，可以很宁静。在平淡的心绪中听音乐，以平淡的心境去欣赏碎雨敲窗。有一种平淡如水的心情氛围，平凡地体味生活，热爱生命，以虔诚的心去探寻生命的真理及意义。对于平凡的我们来说，能看到自己平凡的幸福就是一种最大的快乐，这样才会更加懂得珍惜自己所拥有的一切，这样就会不经意地获得更多的幸福。

学会享受平凡的人生

平凡的生活并不比豪华的生活差，一个人的快乐也不与财富成正比。也许你没有钱，也许你的生活过得很平淡，但是只要你懂得享受平凡生活的美丽，同样可以体会到快乐，同样可以生活得很幸福。

身体健康是一种幸福。很多时候，往往是当我们身体的某部分出现了问题，躺在医院的病床上，不能正常学习、工作时，才会意识到健康是多么的重要。所以，爱惜自己的身体吧，我们也许没有健美的身材、没有姣好的容颜，但只要身体健康就是一种幸福。

父母健在是一种幸福。虽然可能父母年纪大，或者卧病在床，但人无论多大年龄，只要父母在，就永远是父母眼中的孩子，就会得到父母的呵护、疼爱，无论走到天涯海角都会有一份牵挂，这就是一种幸福。

有爱人牵挂是一种幸福。在柴米油盐中日子也许会过得平淡，你的爱人或许有这样那样的毛病、缺点，让人无法忍受，但家始终是我们停靠的港湾。没有他（她），生活中也许少了很多烦恼，但同时也失去更多的快乐。不要等到两个人变成了一个人，才发现曾经拥有的是如此珍贵。请珍惜有家的幸福，珍惜柴米油盐中平凡的幸福。

有工作也是一种幸福。如果有一份工作，即使不是什么金领、白领，没有可观的收入，那也是值得庆幸的，和那些下岗失业或待业在家无所事事的人比，有工作、有事做就是幸福的。也许我们的工作枯燥无味，又苦又累，但工作着是美丽的、充实的。让我们在平凡的岗位上辛勤地工作，充分体现自己的价值吧。

正如一位哲人所说，不要光赞美高耸的山峰，平原和丘陵也一样不朽。平凡包容着一切，孕育着一切，一切都蕴涵在平凡之中。

世界上没有“全能冠军”

任何人都不可能做到万事完美，世界上没有“全能冠军”，就像竞技体操一样，有的人跳马好，有的人平衡木好，有的人艺术体操好，所谓“术业有专攻”，如果分散精力去做很多事情，那可能就一件事情也做不好，只有把精力尽量集中起来，才能做好一件事情，才能从中得到真正的快乐。

动物学校

动物王国新办了一所动物学校，动物爸妈们纷纷把自己的孩子送到这所学校来学习。

学校里开了四门课程：跑步课、爬行课、游泳课和飞行课。学校规定每个学生都必须参加这四门功课的考试。

兔子在上跑步课时，表现特别突出，成绩总是遥遥领先。可是，兔子在爬行课上却表现平平，考试成绩也是勉强及格而已。最糟糕的是游泳课和飞行课。兔子第一次下水，差点被水呛死。现在它只要一见到水，全身就直打哆嗦，把它害得最惨的是飞行课。因为兔子没有翅膀，它只好跑到一座房子的顶上，往下一跳，希望能找到“飞”的感觉。但结果却是瞬间就落在地上，摔断了两根腿骨。现在，兔子连跑步课都上不了，只好休学在家。

鸭子是游泳课上的佼佼者，它在水里的功夫甚至比老师还出色。但在飞行方面，它虽然长着一对翅膀，却不能飞，只能扑闪几下而已。鸭子跑步的成绩更是惨不忍睹。而且，由于它走路的样子实在太难看，常常遭到其他一些动物的嘲笑。鸭子自卑极了，它恨自己不能像兔子跑得那样快，恨自己不能像鹰飞得那样高，恨自己不能像蛇爬得那样快，恨自己长得太难看。

蛇的爬行成绩在班上名列前茅，游泳成绩也不错。因为它没有脚，也没有翅膀，所以它的跑步成绩和飞行成绩可想而知。而蛇偏偏喜欢挣强好胜，因此，没过多久，它就患了忧郁症。另外一条没有上过动物学校的蛇来安慰它，对它说道：“你本来就是一条很棒的蛇，你为什么要去学跑步和飞行？如果蛇可以跑步，可以飞行，难道不是一件挺可笑的事吗？”但是，上动物学校的蛇依然执迷不悟。最终，这条郁郁寡欢的蛇钻到地底下去，从此，没有谁再见到过它。

鹰是动物学校最另类的学生。它只上飞行课，拒绝上跑步课、爬行课和游泳课。它对动物学校的校长说：“我是一只鹰，我为什么要上跑步课、爬行课和游泳课？”校长说：“这是我们学校规定的章程，作为动物学校的学生，你必须要上这些课。”鹰说：“我只想上飞行课，我想做一只世界上飞得最高、最快的鹰。”校长说：“你即使当了世界飞行冠军，但是你的跑步课、爬行课和游泳课不及格，你在我们动物学校也毕不了业，我们也不会发毕业证给你的。”是做一只飞得最高、最快的鹰，还是做一只会跑步、会爬行、会游泳的鹰？这只非常有个性的鹰，非常自信地做了一个决定，一心一意地练习飞行。后来，他果然实现了自己的理想和抱负，当上了世界飞行冠军。

鹰之所以能够当上世界飞行冠军，就是因为它专注于飞行这一领域，并在此领域拥有着别人无法匹敌的优势。

然而，现实生活中，一些拥有很强的企图心和欲望的人，以为自己无所不能，所以想在各个方面都出人头地，成为人人羡慕的能手。于是，他们就像兔子、鸭子、蛇一样，在别人的怂恿或期待之下，信心十足，觉得自己没问题，既可以当推销员，又可以做公关；既可以跑业务，又可以搞项目；既可以谈判，又能搞创作；更能投资开公司、当老板……结果往往是得不偿失，落得竹篮打水一场空的下场。

其实，没有一个人是“全能冠军”，我们只有抓住自己的所长，做好自己最能做好的事就可以了，如果想抓住手中所有的东西，可能就什么都抓不住了。而这就需要我们对自己有一个正确的认识，不仅要相信自己有能力和价值，同时也要认识到自己有缺点和毛病。

事实上，正如世界上没有十全十美的东西一样，也不存在神通广大的完人，任何人都有缺点和弱点，任何人也都有无知无能方面。美国著名的管理学家彼得·德鲁克在《有效的管理者》一书中这样写道：“倘要所有的人没有短处，其结果最多是形成一个平庸的组织。所谓‘样样都行’，必然‘一无是处’。才干越高的人，其缺点往往也越明显，有高峰必有深谷。”因此，我们应当保持这样一种心态和感觉：我知道自己的长处、优点，也知道自己的短处、缺点，我深知自己的潜能和心愿，也看到自己的困难和局限。

然而，总有这样一些人，他们搞不清楚为什么要放弃完美。其实，他们所认为的“不追求完美将达不到理想的目标”，这只是一种惯性思维。事实上，大多数时候，我们只有放弃完美，才能树立起自信自爱的意识，才能真正地认识和确立自己的价值、选择和追求。因为如果一个人能够实事求是地看自己，也能正确理解和看待别人的两重性，就能抛弃骄傲自大、清高孤僻、鲁莽草率之类导致失败的弱点。我们以这种自我认识、相互包容的观念意识付诸行动，就能从自身条件不足和不利环境的局限中解脱出来，不必藏拙，不怕露怯。

一生只做一件事

在世事喧嚣、红尘滚滚中静下心来，专注于某一方面，不受其他欲望诱惑的摆布，这是一件非常艰难的事。这意味着你有可能放弃很多机会，意味着你遭遇困难不能退缩，但是只有这样，你才更容易达成心中的目标。

那么，怎么才能培养专注的习惯，避免成为“全不能”呢？

第一，不要去嫉妒他人的成功。只要踏踏实实做好自己手头的事情就足够了，别人的成功只能是激励自己前行的动力，却不能因为别人成功，就动摇自己的目标，认准自己的目标，执着地追求，才是最正确的做法。

第二，不要被失败吓倒。害怕失败是很多人的普遍心理，失败让他们裹足不前，甚至一次失败就会对他们终生造成影响。失败是不可避免的，要将失败当成是一次教训，吸取教训，下次不再犯这样的错误就好了。

第三，要肯吃苦。吃苦是成功的必要条件，可是很多人害怕吃苦，遇到一点小困难就退缩，这种心态是万万要不得的。不要羡慕别人的成果，要准备下些苦功才行。

世界上最大的浪费就是把一个人宝贵的精力无谓地分散到许多不同的事情上。一个人的时间有限、能力有限、资源有限，想要样样都精、门门都通，绝不可能办到。如果你想在任何一个方面做出什么成就，就一定要牢记这条法则。

人生本不完美，知足就能常乐

叔本华说："我们很少想到自己拥有什么，却总是想着自己缺少什么。"与其羡慕别人，不如好好珍惜自己现在所拥有的，无节制的攀比和不自量的要求只会给自己带来超量的心理负荷，破坏的也只能是自己的快乐和幸福。那些幸福的人，也许生活中的物质享受并不比任何人好，只是他们能够接受自己和生活的不完美，懂得知足，仅此而已。

梦想与现实

从前，在一座山脚下有一幢大房子，里面住着一个男孩，他喜欢动物、跑车与音乐，喜欢爬树、游泳、踢球和漂亮的女孩子。他过着幸福的生活，只是经常要让人搭车。

一天，男孩对上帝说："我想了很久，我知道自己长大后需要什么。"

"你需要什么？"上帝问道。

"我要住在一幢前面有门廊的大房子里，门前有两尊圣伯纳德的雕像，并有一个带后门的花园。我要娶一个高挑而美丽的女子为妻，她的性情温和，长着一头黑黑的长发，有一双蓝色的眼睛，会弹吉它，有着清亮的嗓音。她还要给我生三个强壮的男孩，我们可以一起踢球。孩子们长大后，一个当科学家，一个做参议员，而最小的一个将是橄榄球队的四分卫。而我自己，要成为航海、登山的冒险家，并在途中救助他人。我要有一辆红色法拉利，而且永远不需要搭送别人。"

“听起来真是个美妙的梦想，”上帝说，“希望你的梦想能够实现。”

后来，男孩在一次踢球时磕坏了膝盖，他便再也不能登山、爬树，更不用说去航海了。因此，他学了商业经营管理，而后经营医疗设备。因为要照顾生意，他住在市中心的高楼大厦里，从那儿可以看到蓝蓝的大海和闪烁的灯光。他的屋门前没有圣伯纳德的雕像，但他却养着一只长毛猫。他娶了一位温柔美丽的女孩，长着黑黑、长长的头发，但她却不高，眼睛也不是蓝色的，而是褐色的。她不会弹吉它，甚至不会唱歌，却做得一手好菜，画得一手好花鸟画。他们有三个美丽的女儿，小女儿是最可爱的一个。她们虽不能陪父亲踢球，但有时会一起去公园玩飞盘，而小女儿就坐在旁边的树下弹吉它，唱着动听而久萦于心的歌曲。三个女儿都非常爱她们的父亲。他也没有红色法拉利，有时却还要取送货物——甚至有些货物并不是他的。

突然有一天，他记起了多年前自己的梦想，认为现在的这一切都是上帝同他开的玩笑。他向身边的每一个人抱怨自己的梦想没能实现，却听不进一句劝告。最后他终于悲伤地病倒住进了医院。

夜里，他对上帝说：“还记得我是个小男孩时，对你讲述过我的梦想吗？”

“那是个可爱的梦想。”上帝说。

“你为什么不让我实现我的梦想？”他问。

“你已经实现了。”上帝说，“只是我想让你惊喜一下，给了一些你没有想到的东西。我想你该注意到我给你的东西：一位温柔美丽的妻子，一份好工作，一处舒适的住所，三个可爱的女儿——这是个最佳的组合。”

“是的，”他打断了上帝的话，“但我以为你会把我真正希望得到的东西给我。”

“我也以为你会把我真正希望得到的东西给我。”上帝说。

“你希望得到什么？”他问。他从没想到上帝也会希望得到东西。

“我希望你能因为我给你的东西而快乐。”上帝说。

他在黑暗中静想了一夜。他决定要有一个新的梦想，他所梦想的东西恰恰就是他已拥有的东西。

现在，他幸福地住在47层的公寓中，欣赏着孩子们悦耳的声音、妻子深褐色的眼睛以及精美的花鸟画。晚上他注视着大海，心满意足地看着明明灭灭的万家灯光。

所以，获取快乐并不难！只要知足，就能常乐。

但很多时候，我们缺少的就是这种心境。有不少人人生旅途一帆风顺，断无生计之忧与养家糊口之虑，但仍在喊“不幸福”。他们会说：“真可气，为什么老板还不给我涨工资？”“我老公怎么不能像别人家的老公那样成功呢？”“什么时候才能有自己的房子和车啊？”……人们总是觉得自己的生活中有这样那样的事情阻碍着自己得到幸福。

实际上，真正阻碍你拥有幸福的正是你自己。要知道，人生必不可少的东西是很少、也很便宜的。我们已经过得很好了——我们能够在偌大的城市拥有自己的房子，哪怕只是租的；我们不用为吃饭发愁；我们拥有体贴疼爱自己的妻子或者丈夫；我们有可爱的孩子；有对自己牵肠挂肚的父母……我们已经拥有得够多了，还有什么不满意的呢？

珍惜现在，爱我们现有的生活，哪怕这种生活在别人看来是磨难，是平庸，只要你拥有自己的快乐，感觉到自己的快乐，那么，你的人生也是一种充实，一种“完美”。

满足于自己的所得

当然，想要做到“知足常乐”也并非易事。

首先，在物质的追求上，我们需要保持“安于现状”的心态。简单地说，就是满足自己的所得，不为周围的诱惑所动。对于一个懂得知足的人来说，即使他仅有一间可以避风躲雨的小屋子，即便终日粗茶淡饭，他一样是幸福的；若一个人没有知足之心，即便他被名车、洋房、昂贵的衣服所包围，他依旧是不幸的、孤独的。

其次，在荣誉的追求上，做到淡泊名利。淡泊，不是脱离现实、超然物外的游浮，而是以一颗平常心，冷静对待事物的态度。其实人生在世，大家生来都是平等的，造物主并没有让谁光彩照人、名气压人，也没有让谁低三下四，可怜巴巴。成功了，做出了大事业，有了大名声，还是人；没有做出大事业，默默无闻，也依然是造物主的可爱儿女。谁能不过分把名声当一回事，恢复人生来那种自然纯正的状态，谁就懂得了知足常乐的真谛。

再次，在精神生活上，要做到清心寡欲。现实生活中，在与爱人、亲人、朋友的相处中，都容易出现不满足、不快乐的情形。对爱人也好，对亲人朋友的关心也罢，不给予不行，无休止地索取也不行。清心寡欲便能平静地面对爱与被爱，内心也会是快乐的。

最后，你还要学会调剂自己的负面情绪。沮丧的你不妨试着想一想，你有没有四肢与眼睛可用？有没有疼爱你的父母？有没有一个相爱的伴侣？有没有爱你并且需要你的孩子？甚至只是对一个假期、一个聚会的期待？或者一本想看的好书或者一个想观赏的电视节目？……然后自己在脑子里设想如果没有这些，你的生活会变得怎样。等你充分体会到了那种失落空虚的感觉，再慢慢地、一件一件地把这些宝贝还给自己，这时你一定会惊讶地发现自己好多了。

总之，没必要羡慕别人如何如何，好好享受上天给你的恩典吧。如果你能静下心来看看自己现在所拥有的一切，你会发现其实自己也正在被别人羡慕，自己也是别人眼中一道亮丽的风景。

05

你的时间，仅值得浪费在自己身上

一朵花的盛开，不是因为别人的喜欢，而仅仅是因为自己需要盛开。一个人的生命，也不需要看别人的评价、态度和脸色，你的时间，仅值得浪费在自己身上。

你不需要活在别人的认可里

生活中，人们常常很在意自己在别人眼里究竟是一个什么样的形象。这种观念使人们放弃自己人生的快乐，而去追求他人的认可，成为其他人评价、态度和脸色的奴隶或木偶，被他人的行为所控制。

当然，我们每个人都希望得到别人的认可，这无可厚非，但事实却是，按照别人的标准生活的结果，必然会使一个人莫衷一是。因为他人或社会的标准是千奇百怪的，满足了这种标准，就不能满足另外一些标准，得到了这一部分人的认可，就会失去另一部分人的认可。一个人不可能满足周围所有人的要求。

因此，只要你认为自己有价值，值得重视，即使没有得到他人的认可，你也绝不应该感到沮丧。如果你把不赞成视为生活在这一星球上的人不可避免地会遇到的非常自然的结果，你的幸福就会永远是自己。因为，在这个星球上，人们的认知都是独立的，人人都应该为自己的快乐而活。

“不及格”的梦想

有一个男孩，他的中学学业是在不断被中断的过程中完成的，因为他的父亲是一位四处漂泊的驯马师。每过一段时间，他们就需要从一个牧场移到另一个牧场，从一个马厩移到另一个马厩，或者从一个赛马场移到另一个赛马场。

在他念高中时，一次作文课后，老师让他写一篇作文，讲讲他长大后想成为一个什么样的人、想做什么。

当天晚上，他认认真真、洋洋洒洒地写满了 7 页纸，描述了他的伟大目标——拥有自己的牧马场。他不仅详细描述了自己的这个梦想，还画了一张 200 英亩牧马场的设计图，上面标出了他 4000 平方英尺的豪宅及所有房屋、马厩和跑道的位置。可以说，他把整个身心都用于写作这篇作文了。

第二天，他把作文交给了老师，并对它充满了期待。

两天后，他却等回来一个写有大大的、红色的“不及格”的结果。放学后，这个胸怀梦想的男孩去见老师，他问道：“我为什么得了一个‘不及格’？”老师说：“对你这样年幼的孩子来说，这是一个不切实际的梦想，是一个你无法实现的梦想。因为拥有一个牧马场需要一大笔钱，你要花钱买地，你要花钱买纯种马匹，还要花钱给母马配种。而你没有钱，没有资源，你的家人又四处漂泊。”老师又接着说：“如果你愿意重新写一个更切合实际的目标，我会重新考虑你的分数。”

男孩回到家，沉思良久。一个星期之后，他去见了老师，交上了一字未改的原稿。他对老师说道：“你留着你的‘不及格’，我留着我的梦想。”

如今，这个男孩已经长大成人，他拥有一幢 4000 平方英尺的豪宅，座落在一片方圆 200 英亩的牧马场中央。他将那篇作文装裱后，挂在壁炉的上方。之后的一个夏天，那位老师带着 30 个学生，到他的牧马场上露营了一个星期。离开的时候，老师对他说：“我做你的老师时，差点儿偷走了你的梦想。那些年，我偷走了很多学生的梦想。幸运的是，你意志坚定，没有放弃自己的梦想。”

说实话，我们都希望自己被人理解、被人接纳。但是，纵观历史，所有人无一例外地都曾被人嘲笑、讥笑、质疑和误解过。有人说：“每个人都是一个批评家。”当你追求你的梦想并希望得到帮助的时候，这句话尤其显得正确，总有许多善意的人希望保护你，使你远离那些他们认为不现实的幻想。批评家们曾试图打消很多不可阻挡的人的积极性，批评家们说：这些人不够资格；他们的想法是不会奏效的；他们的产品是不会有市场的；他们太矮了；太年轻了；太早了或是太迟了。对于你的梦想能否实现，真正有影响的是你自己。其他人消极的想法只是反映了他们自身相对于事情的局限性，而不是你的局限性。

其实，仔细想想，得到生命中最多认可的人是从不为他人而活的人。你可以在自己的脑海中想象一个获得了大多数人认可的人，那么这个人是一个什么样的人呢？他怎样行事呢？他吸引每个人的魅力何在呢？你脑中这个人的形象也许就是一个坦率、不转弯抹角的人，也许就是一个不轻易苟同他人意见的人，也许就是一个实现了自我的人。他可能很少或没有时间去寻求他人的认可；他很可能就是一个不顾后果实话实说的人；他觉得策略和手腕都不如诚实、正直重要。他不是一个容易受伤的人，而是一个没有时间去想那些巧舌如簧和将话说得很有分寸的人。这难道不是一个嘲讽吗？因此，如果你认可自己，那么就应该挺起胸膛，勇敢地面对众人挑剔的目光，相信一句老话："时间能证明一切。"你的所作所为终究会代替先前的传言，从而在别人心中塑造出你真正的形象。

正确对待反对的声音

"我们极希望获得别人的赞扬，同样的，我们也极为害怕别人的指责。"这是著名心理学家席莱说过的话。但我们每个人绝无可能孤立地生活在这个世界上，几乎所有的知识和信息都来自于别人的教育和环境的影响，但你怎样接受、理解和加工、组合，这是属于你个人的事情，这一切都要独立自主地去看待、去选择。那如何才能在我们的思想中调和，而不是屈服于我们所面临的批评呢？

首先就是要培育自己的信念。信念是一种非此即彼的东西。你要么拥有信念，要么没有信念。如果你相信自己所做的，如果你的脑袋在晚上碰到枕头的时候，你知道自己所做的是正确的，这才是真正重要的东西。

其次是要调整自己的情绪。余秋雨说，很多人总是很在意别人的手指，对自己伸出的是大拇指，是食指，是中指还是小拇指，并用此来评判自己的行为，或左右自己的心情，其实没有必要。不要太在意别人的手势，权当他在做运动就好了，只要自己觉得高兴就好。因为最终过你生活的人是你自己，而不是其他人。保持心平气和、情绪镇定、坚定信念，你要为自己而活着。

走自己的路，让别人说去吧

“走自己的路，让别人说去吧！”这是但丁说过的一句话。虽然这句话的道理并不深奥，但说起来却令人自信、坚定，豪气十足。它告诫我们：要按照自己的意志生活：既不要在意别人的闲言碎语，也不要在乎别人的恶意中伤，更不要太在意那些好心的劝告。只要自己认为是对的，就要坚持走下去。

自己拿主意

美国著名女演员索尼亚，小时候在渥太华郊外一个奶牛场附近的一所小学里读书。

一天，她满脸泪痕地跑回家，父亲问其原因。她断断续续地说：

“班里的同学说我长得丑，还说我跑步的姿势难看。”父亲听后并不说话，只是微笑。忽然，父亲说：“我能摸得着我们家的天花板。”索尼亚听后觉得很惊奇，不知父亲想说什么，停止了哭声反问道：“你说什么？”父亲又重复了一遍：“我能摸得着我们家的天花板。”索尼亚仰头看看天花板。父亲能摸得到将近4米高的天花板？她怎么也不相信。父亲笑笑，得意地说：“不信吧？那你也别信你同学的话，因为有些人说的话并不符合事实！”

索尼亚明白了，原来父亲是想告诉她：任何事，都不能太在意别人说什么，要按自己的想法去做。而这也成为她以后人生中的一个重要信条。

二十四五岁的时候，已小有名气的索尼亚，有一次要去参加一个集会，但经纪人告诉她，因为天气不好，只有很少的人参加这个集会，会场的气氛有些冷淡。经纪人的意思是，作为新人的索尼亚，应该把时间花在一些大型的活动上，以增加自身的名气。索尼亚坚持要参加这个集会，因为她在报刊上承诺过要去参加。结果，那次在雨中的集会，因为索尼亚的参加，广场上的人越来越多，她的名气和人气因此骤升。

是的，做任何事都不能太在意别人说什么，要按自己的想法去做！其实人活着的目的只有一个，那就是不辜负自己。如果我们一直活在别人的嘴巴里，那么属于我们自己的生命还有多少呢？只要认为自己做得对，做得问心无愧，就不必在意别人的看法，不必去理会别人如何议论自己的是非，把信心留给自己，永远向着自己追求的目标，执着地走自己的路。

然而现实生活中，我们中的大部分人还是经常会被“流言”所困扰，会被“流言”所累。别人的语气、眼神、手势……都可能会搅扰我们的心，消灭了我们往前迈进的勇气，白白损失了做个自由快乐的人的权利。其实，你要知道，嘴长在别人身上，你若想要别人在你背后闭嘴不谈论你，除非你是隐形人，或者你和大家都没有利害关系和冲突。事实上这是不可能实现的。那么，你惟一能做的，就是不要理会这些“酸风醋雨”。美国作家阿尔伯特·哈伯德在他的畅销书《致加西亚的信》中就曾写道：“任何人，做任何事，肯定都会受人批评、诋毁、误解。这是追求卓越所付出的代价，每一个伟人都明白这一点，也明白卓越是无可证明的。卓越的最终证明是：能够毫无怨恨地忍耐到底。”

笑对流言蜚语

关于如何对待流言蜚语，佛教中有这样一个小故事，说的是有一个小和尚非常苦恼沮丧，禅师问他何故，他回答：“东街的大伯称我为大师；西巷的大婶骂我是秃驴；张家的阿哥赞我清心寡欲，四大皆空；李家的小姐却指责我色胆包天，凡心未了。究竟我算什么呢？”禅师笑而不语，指指身边的一块石头，又拿起面前的一盆花。小和尚恍然大悟。其实，禅师的笑而不语，正是一语道破了生命的本义。他的意思是说，石块就是石块，花朵就是花朵，自己就是自己，根本不必因为别人的说三道四而烦恼，别人说的，由得别人去说，那只是别人的看法而已。

首先，保持镇定的心态。切忌在流言面前暴跳如雷，大吵大闹。那样于事无补，反倒给他人留一个遇事急躁、缺乏沉稳的坏印象。流言绝非空穴来风，静下心来寻找一下源头，寻求解决之道。谨记，在流言面前保持冷静，要比捶胸顿足、泪雨滂沱效果好得多。

其次，勇敢地面对讥讽。当一个人因先天不足或是某种缺陷受到了他人的讥讽时，肯定会感到烦恼不堪。但是，这种烦恼又有什么用处呢？唯有勇敢地面对各种讥讽，并积极地改造它，方能弥补自身的不足。

再次，让自己乐观一点。流言蜚语对一个人的伤害程度取决于这个人的心理素质和承受能力。对于一个乐观开朗的人，这些流言蜚语本起不了什么作用，对他并没有什么影响。相反，或许更能促使他奋发努力。

另外，还可寻找支持。单枪匹马笑对流言，虽说显示了为人坦荡的一面，但毕竟有可能让自己陷入孤立无援的境地。主动出击，寻求支持，争取绝大多数人的支持，才是彻底战胜流言之道。

最后，在流言中完善自己。俗话说“无风不起浪”，有人在议论你，可能恰恰说明了你在某方面存在不足。即使是有人恶意地中伤，你也可以把它当成一种动力，激励自己的斗志。用事实说话，让那些流言不攻自破。

不要让别人的阴影笼罩你头顶

生活中每个人都要受到别人的影响，如果一直活在他人的阴影之下，就只能时刻和痛苦、苦恼、无奈、悲痛做伴。尤其是在感情中，如果你陷入自己或者对方的过去中不能自拔，只会剥夺两个人享受快乐和幸福的可能，只有击碎别人给我们带来的阴影，生活才会在乌云过后一片阳光灿烂。

放不下的旧情人

女人年轻时与一个男孩相恋多年。可由于阴差阳错，他们分手了。如今，女人早已为人妇、为人母，而那个英俊、开朗的男孩也远走他乡了。

可是，婚后的女人总是忘不了昔日的恋人。她一直觉得自己极其“不幸”，看老公这也不顺眼，那也不遂心，与那个男孩一比，简直没有一样称她的心如她的意。

有着这段心路和隔膜的婚姻，其质量可想而知。就这样，20 年过去了。当年身材修长、肤若凝脂的女人，现在身材有些臃肿，皮肤也起了些褶皱。

这一天，女人从别人那里得知旧情人回来的消息，按耐不住心里强烈的欲望，问了住址就找上门去了。

“砰砰砰”女人的手叩击在大门上，却响彻在心中。大门还未开，就传来了一阵干咳。大门刚一开，就闻到一股浓烈的烟味。

“你是？”女人忍不住问了一句。而对方，也忍不住脱口而出同样一句话：“你是？”

眼前那个熟悉的人却让女人一下子陌生起来，他的脑袋有些秃顶，背有点佝偻，更要命的是一口烟熏火燎的黑黄牙齿，伴随着开口喷出一股女人最讨厌的烟臭味。

难道这就是令自己魂牵梦绕、朝思暮想的人？女人与其敷衍了几句之后，落荒而逃。

每个人的一生中，都会留下太多的遗憾，那些逝去的美好会变成一把锋利的刀子，一刀一刀地在我们心上剜出血来，尤其是感情。但错过了就是错过了，错过了，就不要回头，身后的风景再美也不再属于你，不属于自己的风景看了只是徒增烦恼。

除了自己的，有时我们还会对爱人的过去不依不饶。例如，有些人会在与爱人亲热时，脑海里浮现出对方跟以前的女友或男友亲热的画面；走到哪里，也都会想起爱人过去是否和别人来过这里，做了什么，等等。总是把自己囿于别人的过去中，不仅让自己苦恼，也会让对方疲惫不堪。这种疲劳仗，不仅打得累，而且也毫无意义。

既然别人带给我们的阴影都是不利的，那我们何必要在别人的阴影下痛苦地生活呢？在别人的阴影下犹豫、徘徊、彷徨，就很可能被别人的阴影所吞噬，更别说能赢得成功、超越他人了。只有把阴影挥去，把它狠狠地从自己身边抛开，才会发现阴影过后是一片希望的绿洲。所以，无论你面对的是自己的过去还是对方的过去，都应该以一种理性的方式去看待它，而不是把它变成自己生活的负累。人生的风景何止一处，走出阴影、放开心情迎接下一站的风景吧。

放下过去，让心归零

心理学家阿尔弗雷德·阿德勒曾在他的作品《生命意味着什么》中写道："我们的烦恼和痛苦都不是因为事情本身，而是因为我们加在这些事情上面的观念……意识本身可以把地狱造成天堂，也能把天堂折腾成地狱。"的确如此，放不下过去的人，就是自己的意识在作怪。当别人把阴影抛给了你，如果不去接受你就是一个明智的人。我们不妨尝试一下心理专家提供的几种方法：

第一，学会表达自己的感受。对于旧情人带来的阴影，强制性地压抑自己的情绪只会让自己越来越难受。可以出去运动一下，出一身汗之后洗个热水澡，然后通过写日记的方式来表达自己的心情，这至少可以让自己舒服一点。

第二，保持心理轻松。时常清理心中的尘土，减轻心中的负担，可以感觉到现实生活的美好，这样会减少一份对过去的留恋和纠结。尤其是在情人节这类节日里，更应该调整好自己的心态，不要去羡慕别人，更不要去嫉妒别人，没有过去感情的牵绊，才能更好地投入新的情感之中。

第三，积极参与现实生活。每个人都有属于自己的感情世界，这是谁都无法抹去的事实。但"往事"往往就意味着一个地点一个时间。可时间不能再次经历，这意味着一切都已改变，无论是好的还是坏的都已经不复存在了。只有现在和未来才是最重要的，积极参与这最重要的部分，你还有什么放不下的呢？

第四，拥有一颗宽容之心。你们的过去没有交集，但是你们的未来，却是牢牢地绑定在一起。所以，需要的是淡然面对过去的勇气，面对事情不要冲动，遇到问题多做沟通，多一份宽容，幸福才能长久。

你才是自己人生的主角

生命中最重要的东西是什么？是感觉，是一种对生命的感觉。而且，这种感觉，你只能自己去体验。如果由别人来代替你去体验生命，或者压抑你的体验，干涉你的体验，左右你的体验，控制你的体验，甚至剥夺你的体验，那这样的生活就形同监禁，你也就失去了活着的意义。

人本来就该为自己而活，只有你才是自己人生的主角。

我的生命不要被别人保证

台湾著名作家林清玄被一家知名媒体采访，他讲到自己的人生体会时，突然讲起童年的一件小事，他说：

“小时候，我在一次历史考试中得了第一名，我的老师特意送我一本世界地图册作为奖励，他说希望我长大以后可以周游世界。我很高兴，带着那本地图册就回家了。那时我家里很穷，我妈妈还生病了，所以家里的饭菜都是由我来做的。那天，回到家以后，我一边烧水，一边在火炉旁边看埃及地图……

“正当我看得入神的时候，爸爸突然跑过来‘啪、啪’给了我两个耳光：‘看什么埃及地图！火都熄了，没看到吗？’打完后，他还踢了

我一脚，然后用很严肃很愤怒的表情跟我讲：‘我保证，你这辈子都不可能到那么遥远的地方去！赶快生火！’

“我当时看着我爸爸，简直不敢相信，爸爸怎么会给我这么奇怪的保证？我一生真的不可能去埃及吗？我根本不相信有什么不可能的，我还要周游世界呢。

“所以，我一直刻苦学习，终于考进了一所大学的历史系。20年后，我第一次出国去的地方就是埃及，我的朋友都问我：‘为什么一定要选择埃及？’我说：‘因为我的生命不要被保证，所以我要去埃及。’我一个人到埃及旅行了三个月。有一天，我到了金字塔，就在金字塔下写信给我父亲：‘亲爱的爸爸，记得小时候你曾经打了我一巴掌，踢了我一脚，保证我这辈子绝对不可能来到这么远的地方。现在我就坐在埃及的金字塔下面给你写信。’看着夕阳，看着夕阳前面的骆驼，我的眼泪就止不住地流下来。后来我听母亲的转述，父亲收到信后说：‘这是那一巴掌打的，一巴掌打到埃及去了。’”

“我的生命不要被别人保证！”这是一种多么催人奋进的自信啊！能主宰自己命运的人，心中永远有一片理想的天地，他们不会让别人一丝一毫地侵占，他们永远知道，自己才是自己真正的主人，也只有自己才能把握自己的命运。

但生活偏偏让人在很多时候把命运托付给别人，别人让我们向东，我们就向东；别人让我们向西，我们就向西，完全失去了生命最根本的特性。这时，我们就像一个傀儡，不是活着，而是被活着。正如《疯狂原始人》中所说：“我们这不叫活着，这只是没死。”

19世纪美国最伟大的浪漫主义诗人朗费罗曾经说过：“我们根据自己认为能做到的事，来判断自己的能力；别人则根据我们已做的事，判断我们的能力。”也许你的家人、同事、领导会说你的能力就那样，其实他们并不了解你。所以，我们不应该由别人、社会来规划我们的生活，别人往往会错估我们的生活，我们要自己规划自己的生活，自己去寻找发挥自己才能的机会，去寻找激发自己潜能的场所。

积极主动地生活

如果你是一个消极的人，那么在生活中你就很容易陷入被动的恶性循环，难以自拔。如果你想做一个积极主动、对自己负责的人，建议你立即行动起来，并按照以下几点严格要求自己：

第一，以一整天时间，倾听自己以及四周人的话语，注意是否有“但愿”、“我办不到”或“我不得不”等字眼出现。

第二，依据过去的经验，设想一下，自己近期内是否会遭遇一些令人退缩逃避的情况？这种情况处在你自己的影响范围之内吗？你应该如何本着积极主动的原则加以应对？请在脑海中一一模拟。

第三，从工作或日常生活中，找出一件令你备感挫折的事情。想一想，它属于哪一类，是可以直接控制的事情，还是可以间接控制的事情，抑或根本无法控制的事情？然后在自己的影响范围内寻找解决方案并付诸行动。

第四，锻炼自己积极主动的意识。在接下来的30天内，专注于自己影响范围内的事物，对自己许下承诺，并予以兑现；做一支照亮他人的蜡烛，而非评判对错的法官；以身作则，不要只顾批评；解决问题，不要制造问题；不必怪罪别人或为自己文过饰非，不怨天，不尤人；别活在父母、同事或社会的荫庇之下，善用天赋的独立意志，对自己的行为与幸福负责。试行积极主动的30天训练法，观察一下，自己的影响范围在训练之后是否有所变化。

总之，在生活道路上，你必须善于做出抉择，不要总是让别人推着走，不要总是听凭他人摆布，而要勇于驾驭自己的命运，调控自己的情感，做自我的主宰，做自己命运的主人。

不能把希望寄托在别人身上

成大事者的身上具有许多优良品质——勇敢、忠诚、创新、进取……而独立，也是这些品格中不可缺少的品质之一。如果一个依赖于他人的人也会获得成功的话，恐怕历史上就不会有很多民族为独立而战了。有一位学术界知名的学者就曾这样告诫青年学生们说："如果你过分依赖别人，那你就会很容易上当，因为你不能辨别人的话究竟是对的还是错的，而你对别人的动机也就茫然不知。"

所以，无论何时何事，你都要学会独立，千万别把希望寄托在别人身上。

给自己一个趔趄

在一所大学里，有一位年近花甲的老教授在新生入学教育的第一堂课上，向新到校的同学们提了这样一个问题："请问在座的各位，你们哪一位同学是独自一人来学校报到的？请把手举起来。"偌大的一个会议大厅里举手者却寥寥无几。

教授接着说："由父母亲自送到学校接待点的请举手。"会议大厅里近百只手齐刷刷地举了起来。

教授摇摇头，笑了笑，给同学们讲了这样一个故事：

曾有一名中国学生，以优异的成绩考入了美国的一所著名大学，由于人生地不熟，思乡心切加上饮食等诸多的不习惯，入学不久便病倒了。更为严重的是，由于生活费不够用，他的生活甚为窘迫，濒临退学。

在那里，如果给餐馆打工一小时也可以挣几美元，但他却嫌累不愿干。就这样，几个月下来，他所带的费用便已所剩无几，在学校放假的时候他准备退学回家。

回到故乡后，在机场接他的是他年近花甲的父亲。

当他走下飞机扶梯的时候，看到久违的父亲便兴高采烈地跑了过去。

父亲脸上堆满了笑容，张开双臂准备拥抱儿子。可就在儿子搂到父亲脖子的一刹那，这位父亲却突然大大地向后退了一步，孩子扑了个空，一个趔趄摔倒在地。

他对父亲的举动深为不解。父亲拉起倒在地上哭泣的孩子，深情地对他说："孩子，这个世界上没有任何人可以做你的靠山，当你的支点。你若想在激烈的竞争中立于不败之地，任何时候都不能丧失那个叫自信、自强、自立的生命支点，一切全靠你自己！"说完，父亲就塞给了儿子一张返程机票。

就这样，那位学生没跨进家门就直接登上了返校的航班。返校不久后，他获得了学院里的最高奖学金，且有数篇论文发表在具有国际影响力的刊物上。

听了教授的故事，全场鸦雀无声。

社会中，有很多像那个学生一样的年轻人，他们或是生活在优越的环境里，或是生活在父母的溺爱中，总之都成为了生活中的低能儿，养成了依赖别人的习惯。他们在父母的羽翼下可以安然无恙地生活，感受不到外界的任何干扰，但是一旦走出家庭，面对社会，他们的缺陷就会暴露无遗。

其实，这个世界上的每一个人出生在什么样的家庭、有多少财产、有什么样的父母、有什么样的地位、有怎样的亲朋好友并不重要，重要的是不能将希望寄托于他人，必要时一定要给自己一个趔趄，只要不轻言放弃，不丧失自信、自强、自立，就没有什么实现不了的事。

这并不是教你在社会上打肿脸充胖子，更不是教你万事不求人，而是想告诉你，在这个世界上每个人都在忙自己的事，每个人都有自己的麻烦。把希望寄托在别人身上，就意味着命运掌握在别人手中。没有独立做前提，成功也许只是个假设。独立性格是成功者的必备条件，历史既然如此证明，现实生活也是这样。独立习惯的养成，对一个人的事业、未来、人生都有莫大的好处，所以若想成就事业，这就是一个不可少的条件。

自己才是最好的依赖

依赖他人，其实就是在否定自己，过分依赖他人的人无异于放弃了对自己人生的支配权。这样的人生是绝不可能辉煌的。人的一生，关键时刻还是要靠自己，自己才是最好的依赖。因此，我们必须认真清理心中的依赖感，强化自身的优势，培养自信和内心的强势，这样才能变得独立而优秀。

首先，要充分认识到依赖心理的危害。将希望寄托于他人的帮助，便会形成惰性，失去独立思考和行动的能力；将希望寄托在某种强大的外力上，意志力就会被无情地吞噬掉。当你选择依赖时，你就开始失去独立的人格，变得脆弱、无主见，成为被别人主宰的可怜虫。

其次，要在生活中树立行动的勇气，恢复自信心。自己能做的事一定要自己做，自己没做过的事要去尝试。不要什么事情都指望别人，遇到问题要做出自己的判断和选择，加强自主性和创造性，学会独立地思考问题。

再次，丰富生活内容，培养独立的生活能力。在工作或者生活中，主动要求承担一些工作，以增强主人翁的意识，使自己有机会去面对问题，能够独立地拿主意、想办法，增强自己独立的信心。

最后，还可以多向独立性强的人学习。多与独立性较强的人交往，观察他们如何独立处理自己的一些问题，向他们学习。同伴良好的榜样作用可以激发自己的独立意识，改掉依赖这一不良习惯。

总之，人生中的风风雨雨，只有靠自己去体会、去感受，任何人都不能为自己提供永远的荫庇。你的品格、你的作为，你所有的一切都是你自己行为的产物，并不能靠其他什么东西来改变。人只有依靠自己，才可能做出成就。

没有人爱你的时候，自己爱自己

从呱呱坠地之初，人就习惯了在外界的观照中看清自己，借镜子来观察自身的容貌，借别人的肯定或赞赏来认识自己的才华，渐渐生出依赖，离开别人的评价便找不到自己的位置。其实不应该这样，动物从不需要同类给予肯定就可以生存下去，那么，人作为高等动物，具有思想、意识，为什么就不能自我肯定呢?

自爱是良方

有一个年轻人从小被父母寄养在亲戚家，亲戚一家人都不喜欢他，他们家的孩子也不跟他一起玩，他没有漂亮的玩具和衣服，后来，他长大了，他变得离群索居，自己也不喜欢自己。

为了谋生，他需要去很多地方找工作，可是，参加了几个单位的面试之后，他都没有被录用。后来，他开始自暴自弃，他变得非常讨厌自己，甚至动过自杀的念头。

后来，在一个朋友的帮助下，他终于鼓起了勇气，走进了心理诊所，他对心理医生说："曾经有很长一段时期，我不喜欢我自己！"医生问他为什么会有这样的想法，他说："我有许多理由不喜欢我自己。

有的理由还说得过去，有的理由纯粹只是一种幻想。那一段时期我很痛苦，也很难挨。”

在医生的帮助下，他开始试图找到真实的自我，并开始学着喜欢自己。

经过一段时间的治疗，他的性格变得乐观开朗了，他兴奋地对医生说：“我渐渐发现，有许多人实际上是喜欢我的。我真的感到又惊又喜。我想，既然他们喜欢我，为什么我不喜欢自己？开始时，我只是这样想想而已，慢慢地就学会了如何喜爱自己，到了此时，一切便都好转起来了。现在回想起来，我对原来的状态感到后怕。”

是的，一个人一旦学会自己喜欢自己，便能从自弃的束缚中解脱出来。健康、成熟的人的标志之一就是“爱自己”。

有一位作家曾在回忆自己的人生时这样说道：“17 岁那年，老师在课堂上告诉我们说，在成长过程中，总会有寂寞的时候，大家要学会没有人爱自己的时候，自己爱自己，因为你们将是成人了。当时，我懵懵懂懂在脑海印下这句话，但也正是这句话伴我走过了许多苦闷、委屈、痛心、不满的日子。我常常以这句话来自勉，并且学会了让自己越来越爱自己。在出外工作时，每每度过喧闹、虚伪的一天，静下心来，总会觉得心底里剩下来的只有空白，所以在下班回家走过清冷街头的那一刻，唯有自己爱自己的感觉，陪着自己咀嚼一天的忙碌、紧张的喧闹，或是许多个委屈的日子，这样，自己就好像真的就逃离了痛苦与空虚似的。”

“没有人爱我的时候，自己爱自己。”这不是自私，更不是自大。自爱，恰恰是我们感受幸福的前提，也是爱他人的先决条件。爱自己，不是让我们自我姑息、自我放纵，而是让我们学会勤于律己和矫正自我，让我们学会了解自己、战胜自己，让我们能够直面人生。只有爱自己，才能善于发现自己的长处，从而充满自信地去创造人生，开拓成功。不敢爱自己甚至不爱自己，就必然会失去自信和自尊而无法自立，被挤出人生舞台。所以要比别人更爱自己，这是人生成功的奠基石。

拥有健康的积极的自爱心理

一个人的自我观念是人格的核心，它会影响人的行为，例如学习、成长与应交能力，选择朋友、配偶与职业等等。健康的、积极的自爱心理和良好的、公允的自我评价，是成功生活的最坚实的基础。因此，我们必须学会自己爱自己。

爱自己，就要尊重自己的选择。所谓尊重自己的选择，是指在人生道路上，对自己所做出的一些选择要尊重，不要以“现实的无奈”、“迫不得已”为理由来抱怨自己。比如，你因为身无绝技而做了一个普通的公司员工，那么在工作时就不要一直抱怨自己没用、无能，而应该尊重自己的选择，好好地做好这份工作。只要尝到成功的喜悦，就不再会抱怨自己了。

爱自己，就要多把眼光盯在自己身上。我们身边有很多人眼看着别人功成名就，总是把持不住自己去羡慕别人、赞美别人，而对于自己的成功却不加重视。从平常的角度去说，这是一种低调的做法；但是从爱自己的角度去看，这是一种不看重自己的表现。一个真正自爱的人不仅把眼光放在别人身上，更要把眼光放在自己身上。

爱自己，还要善于满足自己的期望。从表面看，满足自己的期望和爱自己并没有绝对的联系，其实是有联系的。我们只有善于满足自己的期望才能得到心理上的满足，从而看重自己、肯定自己，不至于产生自卑。

爱自己，还要能原谅自己的一些过错。“爱自己，就要包容自己。”这是我们经常听到的一句话。在自己出现一些错误的时候，不妨对自己宽容一些。只要不是那种一而再、再而三出现的错误，都可以对自己“既往不咎”。只要能做到这样，你就会发现自己身上优点还是挺多的，取得成功的事情也是挺多的，爱自己的情绪就会增加。

06

甲之蜜糖，乙之砒霜

别人的生活再美未必就适合你，自己的生活再不如意也有自己该满足的地方。那些过上有意义的生活的人们，他们共同的特征就是不按照别人的路子来走，而是按照自己的个性认认真真地过日子。

别人的生活未必适合你

对于打火机来说，打火轻而易举，如果它满足于扮演自己的角色，那么它一生都将过得轻松而容易。对于杯子来说，盛水天经地义，如果它满足于端坐桌子的一角，那么它一生都将过得沉稳自在。但是，杯子若是想不开，想替代打火机打火；打火机若是想不开，想扮演杯子盛水，那就是它们人生噩梦的开始！

我们人类也是一样，别人的生活未必适合你。现实中你可能很渺小很平庸，也可能很美好很杰出，但不管哪种人生，只要做自己你就会活得很轻松。

老头儿与国王

从前，有一个国王，有一天，他闲来无事，便微服走出宫门。走着走着，他看到一个卖烧饼的老头儿，一时兴起，就问老头："一国之中谁是最幸福的人？"

老头儿回答说："当然是国王最幸福了！"国王便接着问他为什么这么认为。老头儿说："你想啊，国王有百官差遣，百姓供奉，想要什么就有什么，这还不幸福吗？"国王想了想，又像回答又像是自言自语地说道："希望如你所说吧。"

接着，国王便邀老头儿共饮葡萄美酒，直把老头儿喝得不省人事。

国王突发奇想，他命人把老头抬回宫中，对王妃和宫中的人说："这个老头儿说，国王是最幸福的，我现在戏弄他一下，给他穿上国王的衣服，让他理理国政，你们大家不要害怕。"

第二天，等到那老头儿醒了，宫女便假装说："国王，您喝醉了，积下了很多事情要等您处理。"于是老头儿被拥去临朝，大臣公卿们与之商讨议论，旁边还有史官记其所言所行。而老头儿呢，他一直懵懵懂懂地坐了一整天，不仅什么也不知道，还被弄得腰酸背痛，疲惫不堪。

这样又过了几天，老头吃不好睡不香，竟然瘦了下来。这时，宫女又假装关切地说："国王您这样憔悴，是为什么啊？"老头儿回答说："我梦见自己是一个卖烧饼的老头，辛苦求食，生活很是艰难，因此就瘦成这样了。"众人都私下里偷着笑。

这天晚上，老头儿翻来覆去睡不着，他问王妃："我是卖烧饼的呢，还是国王呢？若真是国王，皮肤为什么这样粗糙呢？若是卖烧饼的，为什么会在王宫里呢？唉，我的心很慌，眼睛也花了啊。"他竟真分不清自己到底是谁了。王妃假装问："国王这样不高兴，让歌妓们来取乐一下吧。"于是老头喝起葡萄美酒，又醉得不省人事了。之后，真正的国王又命宫女们把老头儿弄回原来的样子，并把他送回到简陋的床上。

第二天，老头酒醒后，看见自己的破房、粗布衣服等都是原来的样子，但却浑身酸痛，好像被棍子打过一样。

几天之后，国王再次来到他这里。老头儿对国王说："前几天我跟你说的话，实在是不对啊。我以为国王最幸福，谁知上次喝酒，我梦见自己当了国王，要审核百官，又有国史记对错。大臣要来商量讨论国事，心里便总是忧心不安。弄得浑身都痛，好像被打了鞭子一样。哪有幸福可言！在梦里尚且如此，若是真的当了国王，还不更痛苦啊？"

每个人的人生，都是宝贵而具有价值的。不论好坏，都应该保持自己的本色。大踏步地向前走，留下属于自己的脚印，才能够活出真正的自己。那些过上有意义的生活的人们，他们共同的特征就是不按照别人的路子来走，而是按照自己的个性认认真真地生活。

然而，现实生活中仍有这样一些人，他们总认为别人拥有的都是好的，不珍惜自己拥有的一切。试想想看，不是真正属于你的东西即使得到了，你也不知道怎样去发挥、利用它们。

其实，人生的价值，并不是体现在财产的多少和地位的高低上，更不能因外界的事物而受到影响。判断一个人人生价值的准则其实是个性。如果每个人都能按照自己的个性来生活的话，不管是做一个总统，还是做一个商贩，价值都是相同的。正如安德鲁·卡内基所说：不要追随别人的生活，有价值的人生，并不是复制别人的生活，而是利用自己的能力和有用的环境过上“属于自己的生活”。

生活再苦也可以笑着面对

你之所以对自己现在的生活感到失望，很大程度上是因为你没有调整好自己的心态。从 EQ 角度看，乐观是让人不致流于冷漠、无力感、沮丧的一种心态。当然，也有很多人不是不想自己乐观起来，而是不知道怎样才能乐观起来。压抑的生活、无聊的日子、单调的活动等等，都逼人走向悲观。其实，感性的不足应该由理性来弥补。下面是乐观精神的自我训练方法，学习它，你也可以乐观起来：

1. 利用镜子技巧，让自己脸上露出一个很开心的笑容来，挺起胸膛，深吸一口气，然后唱首歌，如果不能唱，就吹口哨，若是不会吹口哨，就哼哼歌，记住自己快乐的表情。

2. 坚持微笑待人。俗话说：笑一笑，十年少。笑可以使肺部扩张，促进血液循环。

3. 学习运用幽默。幽默是能在生活中发现快乐的特殊的情绪表现，可以从容应付许多令人不快、烦恼，甚至痛苦、悲哀的事情。

4. 忘却不愉快的经历和事情。培养广泛兴趣，既充实生活，保持心情愉快，也可以作为化解紧张情绪的手段。

5. 多参加有益的文体活动。培养活泼进取、开朗、积极参与的生活态度，在平凡稳定的生活中创造追求的源泉，谱写快乐的人生。

6. 对环境和他人不要提出不切实际的非分要求，告诉自己快乐的核心是自我满足。

7. 制定座右铭。每当沮丧出现时，想想自己的座右铭，如“我是一个幸福的人”，然后进行自我放松。

8. 假如有疾病产生，告诉自己人生不以绝对时间长短论好坏，而以质量论高低。快乐地过一天比烦恼地过一年更有意义。

正如一位德国纳粹集中营的幸存者所说的那样：在任何特定的环境中，人们还有一种最后的自由，那就是选择自己的态度。我们可以选择自己的任何一种心态，只要你愿意。而乐观的心态能让我们快乐，能有助于我们成功，那我们又何乐而不为呢？

选择一条适合自己的路

要说这个世界上有什么东西是最好的，那答案只有一个：适合自己的才是最好的！正如华兹华斯所说：“适合自己的生活才是美好而诗意的。”同样，只有适合自己的路才是充满阳光与风景的。

天生的风景园艺家

加拿大有这样一对夫妇，爸爸是木匠，妈妈是家庭主妇。夫妻俩节衣缩食，一点一点地存钱，准备送儿子琼尼·迈文去上大学。

可就在迈文读高中二年级时，一天，学校聘请一位心理学家把这个16岁的少年叫到办公室，对他说："琼尼，我看过了你各学科的成绩和各项体格检查，对你各方面的情况我都仔细研究过了。"迈文很委屈地插嘴说："我一直很用功的。""问题就在这里"，心理学家说，"你一直很用功，但进步不大。高中的课程看来你有点力不从心，再学下去，恐怕你就浪费时间了。"孩子用双手捂住了脸："那样我爸爸妈妈会难过的。他们一直希望我上大学。""人的才能各种各样，琼尼，"心理学家用一只手抚摸着孩子的肩膀，"工程师不识简谱，或者画家背不全九九表，这都是可能的。但每个人都有特长——你也不例外。你并不是笨，而是暂时没有找到发挥你才能的地方，终有一天，你会找到的，在那里，你会发挥自己的特长。到那时，你爸爸妈妈会为你感到骄傲的。"

迈文听了心理医生的话，从此再也没有到学校去上学。那时，城里的工作很难找，没有任何文凭的迈文找工作就更加艰难了。

后来，他想：我也许可以替人重建园圃修剪花草。于是，他就成为了一名园丁。不久，雇主们开始注意到这小伙子的手艺，他们称他为"绿拇指"——因为凡经他修剪的花草无不出奇地繁茂美丽。

也许这就是机遇或机缘：一天他凑巧进城，又凑巧来到市政厅后面，更凑巧的是一位市政参议员就在他眼前不远处。迈文注意到一块污泥浊水、满是垃圾的场地，便向参议员鲁莽地问道："先生，你是否能答应让我把这个垃圾场改为花园？""市政厅缺这笔钱。"参议员说。

“我不要钱，”迈文说，“只要允许我做就行。”参议员大为惊异，他还不曾碰到过哪个人办事不要钱呢！他把这孩子带进了办公室。

不久，这块泥泞的污地就变成了一个美丽的公园：绿茸茸的草坪，曲幽幽的小径，人们在条椅上坐下来还能听到鸟儿在唱歌——因为迈文也没有忘记给鸟儿们安家。人们也通过这件事看到了琼尼·迈文的才干，公认他是一个天生的风景园艺家，如今的琼尼·迈文已经是加拿大知名的风景园艺家了。

尽管迈文在学校里一直没有学会说法国话，更不懂拉丁文，微积分对他来说更是一个永远也解不开的谜团，但色彩和园艺是他的特长，他的这个能力让他已经年迈的双亲感到了骄傲，使他获得了人们的尊敬。

生活中，或许很多人常常羡慕那些有钱的大老板，羡慕他们住着豪华的别墅，开着名贵的小轿车。总是自愧不如，感叹自己没有那命，其实我们应换一个角度想想。为什么他们那么有钱有本事呢？同样是人，为什么自己不行呢？其实，那些所谓的大老板之所以有所成就，一方面是因为基础好，而另一方面是找到了适合他们自身的行业。例如，肖伯纳小时候花了很大的精力学画画，但是效果不佳。在一次偶然的机会，他在戏剧艺术上的智慧爆发出来了，最终使他在这个领域得到了充分的发展。而钢琴大师茅为惠博士也没有继承爷爷——桥梁专家茅以升的事业，而是凭借 3 岁时就表现出的音乐天赋，让父母放弃了原来的想法，在音乐方面对她进行培养，最终成为了一代钢琴大师。

当然，即使是适合自己的路也会有崎岖坎坷，但不要怕，勇敢地拼搏，并享受这条路上的风景吧，如此，才能让自己活出一个精彩幸福的人生！

勇敢走出自己的路

其实，如果细心留意，我们就会发现，许多事业有成的人都有一个共同特点，就是在正确的时间做出正确的选择。做出某种选择并非仅仅因为他们拥有某种特殊的天赋，还包括他们对自己的人生和事业有一个明确的目标和整体的规划。在当今社会，很多人还没有认识到职业规划的重要性，这是因为：不知道如何去做；觉得这样做太麻烦；对自己确定的目标和计划没有信心；将目标制定得过于长远，这使立刻看到成果变得不可能，从而导致自己丧失了勇气。

你年轻时也许有许多浪漫的想法，比如喜欢旅行，但是，你可能无法依靠旅行生活；你也许还对音乐着迷，但是你要看看音乐能否养活自己。所有的选择都没有一个绝对的、惟一的标准，需要做的是找到一个符合自己兴趣和发展机会的平衡点。你可以在笔记本上：

——将自己所有的爱好和兴趣列出来，写在纸的左侧，这个名单可能相当长；

——将它们按自己偏好的强度进行排序；

——将位居末尾的几项去掉；

——将自己能够选择的职业列出来，写在纸的右侧，这个名单也可能相当长；

——将它们按市场价值排序；

——将位居末尾的几项去掉；

——将左右列表进行对比，找到一些共同的内容。幸运的话，共同点可能也很多；

——将共同点单列出来，再做第二轮的筛选。

有时失败和成功只差那么一点点，那就要看你是不是有勇气、有能力走出自己的路。如果你通过冷静的研究，认清所选择的职业生涯的全部内容，了解选择的困难后，仍然对它充满热情，仍然爱它，觉得自己适合它，那么就选择它吧！你既不会受热情的欺骗，也不会仓促行事，终将创造一个只属于自己的精彩人生。

守住自己的一方寸土

很多时候，我们都被告知要去珍惜，也常常看到有人在回忆中懊恼地说应该珍惜这个爱护那个，也总会看见有人在极目远眺，说以后一定要珍惜什么。可随着时间的推移，一切信誓旦旦都成了纸上谈兵。然而却不知，命运早已告诉我们：世间最大的错误，就是对自己已经拥有的东西视而不见，却到处寻找不属于自己的东西。守住自己现有的一方寸土，才是最佳选择。

宝藏在身边

从前，在非洲有一个农场主，一心想要发财致富。一天傍晚，一位珠宝商前来借宿。农场主对珠宝商提出了一个藏在心里几十年的问题："世界上什么东西最值钱？"

珠宝商回答道："钻石最值钱！"

农场主又问："那么在什么地方能够找到钻石呢？"珠宝商说："这就难说了。有可能在很远的地方，也有可能就在你我的身边。我听说在非洲中部的丛林里蕴藏着钻石矿。”

第二天，珠宝商离开了农场，四处去收购珠宝。农场主却激动得一宿未合眼，并马上做出一个决定——将农场以低廉的价格卖给一位年轻农民，然后匆匆上路，去寻找远方的宝藏。

第二年，那位珠宝商又路过农场，晚餐后，年轻的农场主和珠宝商在客厅里闲聊，突然，珠宝商望着书桌上的一块石头两眼发亮，并郑重其事地问年轻的农场主这块石头是在哪里发现的。农场主说是在农场的小溪边发现的，并问有什么问题吗？珠宝商非常惊奇地说这不是一块普通的石头，这是一块天然钻石！随后，他们在同样的地方又发现了一些天然钻石。后来经勘测发现：整个农场的地下蕴藏着一个巨大的钻石矿。而那位去远方寻找宝藏的老农场主却一去不返，听说他成了一名乞丐，最后跳进尼罗河里了。

那位老农场主怎么也不会想到，自己遗弃的土地，竟然价值连城。他的可怜之处，在于迷失。迷失，不也常常发生在我们身上吗？

曾经在报上看过一副名为“福在哪里”的漫画，画上画着一个大大的“福”字，一个人站在“福”字的“口”中向外张望，嘴里问：“福在哪里？”福在哪里呢？他是身在福中不知福，可我们又何尝不是如此？我们总是说：等我有了房子就好，我得努力；等真的有了房子，心里又会想要一幢别墅……内心焦灼，脚步匆匆，却美其名曰“我在奋斗”。或许直到苦苦追寻了一生之后才会恍然大悟：其实我们本来拥有的就是无限宝藏，本来生活就过得殷实富有，却因外在的诱惑起心动念，迷失自我，无法安享自己所拥有的富足，而放弃所有，四处盲目追求，终究一切成空。事实上，如果每个人都能守住自己的一方寸土，心无旁骛地去挖掘，总会找到宝藏。

当然，追求更好的物质生活这没有错，有事业心也没有错，但是这一切和你享受身边的种种并不矛盾。为什么一定要等到所爱的人离去，才会想起他的美好？为什么一定要父母驾鹤西行，才会忆起他们的恩情？所以，请你静下心来，好好体会一下那些如空气般环绕在你周围的幸福吧——延续的生命，健康的身体，无私的父母，亲密的兄弟，一群给你支持让你常常开怀大笑的朋友，一份为你提供生活来源的工作，还有你买的那些自己喜欢的小东西——然后，对自己的现状心存感激，同时也要对别人为你所做的一切怀有敬意和感激之情。这样，你才是一个幸福的人。

除却心头的尘埃

在当今这浮躁的社会中，很多人都整天奔忙在追求功名利禄的路上，整天周旋于觥筹交错之间，已经很少有人能够固守住自己的一方寸土了。其实，每个人的内心，就好比一个花园，时间的积淀会让心里长满各种各样的“杂草”：追名逐权，落井下石，唯利是图……它们隐藏在灯红酒绿的生活中，隐藏在衣着光鲜的背后。因此，我们必须要经常为自己的心灵打扫和锄草，以保持其纯净。

自省：每天给自己独处的时间，好好地研究自己。就像孔子的学生曾参一样。曾参在儒家可以说是一个响当当的人物，孟子也不过是他的一个再传弟子。可就是这样一个圣人般的人物，还要“吾日三省吾身”，那我们又当如何？只有定期反省自己，才不至于使思想和心灵的花园中“杂草丛生”，才能更好地工作和生活，才能更好地享受工作的快乐和生活的幸福。

自清：很多事实证明，心累多是自己心智未开，心理负荷太重的结果。那么，怎样才能使自己心“轻”呢？很简单：随时清扫、淘汰不必要的东西，只留下最需要的东西，才不会在心上留下沉重的负担。

以别人为镜，照不出自己

魏征去世后，唐太宗曾伤心地说：“以铜为镜，可以正衣冠；以史为镜，可以知兴替；以人为镜，可以明得失。”于是，后人皆以人为镜子，把别人的成败得失作为自己的借鉴。不过，“以人为镜，可以明得失”，并不是一个可以通用的“数学公式”。以别人为镜时，可以是良好的行为和品德，也可以是勤奋刻苦的榜样，与己共勉，催己奋进。反之，若以品行不端的人为镜，那只会让自己不思进取，会更加消沉堕落，随波逐流。

其实，以别人为镜，很多时候并不能照出自己的模样，也不能实现自己的目标。只有以自己为镜，才能正确地审视自己，真实地发现自己，从容地面对自己，尽心尽力地释放自己的精彩。

别人不是你的镜子

和很多小孩子一样，小时候的爱因斯坦也是一个十分调皮贪玩的孩子，经常和一些坏孩子混在一起。他的父亲常常为此忧心忡忡，他想找一个办法让爱因斯坦变得好学起来。

直到爱因斯坦16岁的那年，在一个秋日的上午，父亲将正要去河边钓鱼的爱因斯坦拦住，并给他讲了一个故事，正是这个故事改变了爱因斯坦的一生。故事是这样的：

“昨天，”父亲说，“我和咱们的邻居约翰大叔去清扫南边工厂的一个大烟囱。那烟囱只有踩着里边的钢筋踏梯才能上去。你约翰大叔在前面，我在后面。我们抓着扶手，一阶一阶地爬了上去。下来时，你约翰大叔依旧走在前面，我还是跟在他的后面。后来，钻出烟囱，我们发现了一件奇怪的事情：你约翰大叔的后背、脸上全都被烟囱里的烟灰涂黑了，而我身上竟连一点烟灰也没有。”

父亲继续微笑着说：“我看见你约翰大叔的模样，心想我肯定和他一样，脸脏得像个小丑，于是我就到附近的小河里去洗了又洗。而你约翰大叔呢，他看见我钻出烟囱时干干净净的，就以为他也和我一样干净，于是就只草草洗了洗手就大模大样上街了。结果，街上的人都笑痛了肚子，还以为你约翰大叔是个疯子呢。”

爱因斯坦听罢，忍不住和父亲一起大笑起来。父亲笑完了，郑重地对他说：“其实，别人谁也不能做你的镜子，只有自己才是自己的镜子。拿别人做镜子，白痴或许会把自己照成天才的。”

爱因斯坦听了，顿时满脸愧色。从此，他离开了那群顽皮的孩子，并时时用自己做镜子来审视和映照自己，终于映照出了他生命的熠熠光辉。

别人并不能映照出自己，只有照自己的镜子，才能反射出自己的缺点；只有照自己的镜子，才能映出生命的光彩。

当你更为关注自身，而不是把眼光瞄准别人时，你便不会盲目贬低或是看重自己了。你不必去借鉴他人的成就，而应尊重自己内心的热爱，关注自己的进步。每天都积极行动，每天都超越自己，每天都比昨天的自己更优秀，你就是赢得了胜利。当你不再被别人的看法所左右，当你努力使自己每一天都在进步，当你更注重和自己比赛，你的心灵就会慢慢地成熟起来，你会欣喜地发现：你已经成为自己最好的朋友了。到最后你会懂得，其实真正支持你迈向成功之路的人，正是你自己。

以自己为镜

在生活中，并非每个人都能领悟到“以己为镜”的道理。其实，以自己为镜，并非是目中无人的故步自封，而是让我们在向他人学习中，永远不会失去自我。通过自己这面镜子，我们可以知道自己的不足，可以挖掘自己的潜能，可以更好地走自己的路。

以自己为镜，就是以自己的言语、行动为镜子，不管别人的行动、评价、议论如何。要知道，每一个人都是一个单独的个体，各人的人生观、价值观是不尽相同的，为人处世和言行举止以及在生活中扮演的角色都是不一样的，正所谓“人各有志”。因此，各人有各人的行为准则，切忌用别人的“ABC”来跟自己的“ABC”合并同类项。只根据自己的判断去正衣冠，知得失，制定符合自己的目标，实施自己能践诺的行动。

以自己为镜，就是不断地盘查自己，解剖自己，进行思想上的清洗、行动上的反省。现实生活中，“五十步笑百步”已经成为一些人互相贬低对方的根据，就如一些贪污受贿的官员，自己已经在“贪”，反而拿那些已被查办的人说事：他们贪了百万千万，我就这几十万算不了什么。最后越陷越深，如此拿别人当镜子的结局是断送了自己的美好前程乃至身家性命。其实，我们完全可以“见不贤而自内省”。

以自己为镜，还需要扎实的涵养、真实的境界和务实的作风。正像爱因斯坦的父亲所说的那样：“如果拿别人做镜子，白痴或许会把自己照成天才。”同样，如果拿别人做镜子，天才或许会把自己照成傻瓜。踩着别人的脚印，照着别人的路子走，老拿别人的长处比对自己的短处，是不能成功的。因此，我们每一个人都要实事求是地审视自己，胸有成竹地把握自己，认准架构好自己的人生坐标和生活目标，这样才能不被别人的“样子”所左右。

以自己为镜，还有一层意思，就是尽可能地说自己喜欢的话，做自己喜欢做的事，以自己这面镜子为依托、为参照，照自己的言行，照自己的路前行，从而步步稳打地实现生命的价值和人生的辉煌。

用自己的方式度过自己的一生

当一个人静下来的时候，你有没有问过自己：“每天忙来忙去，我到底在忙什么？我真正追求的是什么？”研究发现，有93%的人不明确自己的价值观是什么，他们不知道自己忙来忙去究竟追求的是什么，如同水面上的浮萍一样，糊里糊徐地过了一生。

如果你希望自己获得不凡的成就，创造卓越和美满的人生，就一定要塑造出自己的价值观，然后确实依照自己的价值观来过好每一天、每一刻。

流浪者的原则

一个寒冷的冬天，小镇上来了一群逃难的人。镇长杰克逊大叔组织居民给他们送去食物。

这些逃难的人接过食物就狼吞虎咽起来，只有一个人例外。当食物端到那个脸色苍白、骨瘦如柴的年轻人面前时，他问："先生，吃您这么多东西，您有什么活儿需要我做吗？"

善良的杰克逊大叔说："不，我没有什么活儿需要您来做。"

年轻人的目光顿时黯然下去，失望地说："先生，那我怎能随便吃您的东西。我不能没有经过劳动，便凭白得到这些东西！"

杰克逊大叔顿了一下说："我想起来了，我家确实有一些活儿需要您帮忙。等您吃过饭后，我就给您派活儿。"

"不，我现在就做活儿。等做完了您的活儿，我再吃这些东西！"

杰克逊大叔思忖了片刻，然后说："小伙子，你愿意为我捶捶背吗？"说着，就蹲在这个已经两天没吃东西的年轻人跟前。

年轻人蹲下来，十分认真而细致地给杰克逊大叔捶背。

几分钟后杰克逊大叔满意地站起来，赞扬他捶得好，并将食物递给了他。年轻人这才接过食物，狼吞虎咽地吃起来。

杰克逊大叔十分赞赏这个年轻人，让他留在了自己的庄园里。

20 多年后，这个年轻人成了亿万富翁，他就是美国石油大亨哈默。

哈默之所以能从众多的流浪者中脱颖而出，从内在来看，是因为他找到了指向正确方向的起跑线，这个起跑线，就是他的价值观，即"我不能没有经过劳动，便凭白得到这些东西"，这种价值观使他表现出了与众不同的行为，也带来了与众不同的结果。可见，更好地发挥潜能和你的价值观是分不开的。

价值观，其实就是一个人的价值取向、价值追求，凝结为一定的价值目标。简单地说，就是每个人判断是非黑白的信念体系，引导我们追求想要的东西。然而，在繁忙的生活中，我们中的很多人都在忙着用生命去赚钱，却很少有人去规划一个值得拥有的生命。该做管理员的跑去做推销员，该做律师的跑去当医生，该做医生的却自己创业做老板……如果你也是这样，虽然忙来忙去，到头来还是一场空。马斯洛就曾说过：“音乐家作曲，画家作画，诗人写诗，如此方能心安理得。”当你知道了自己的价值观后，就能更清楚自己的作为，不会今天向东明天向西，就能够在匆忙的人群中寻找到自己的位置。

有一句话说得好：“成功的人并不是有什么特殊的天赋，他们与一般人惟一的不同就是，他们能坚持做自己不喜欢、不愿意做的事。”而他们坚持的理由就是他们的价值观。

塑造你的价值观

克里斯托弗·莫利说：成功只有一种，那就是能够用自己的方式度过自己的一生。如果我们不知道在自己的一生中什么是最重要的，什么价值观是我们确实应该坚持的，那么又怎会为自己找到一条使人生更丰富的道路呢?

首先，需要找出自己的价值观。生活中，相信你一定遇到过棘手的情况，迟迟下不了决心。其中，最重要的原因就是你不知道这种情况下什么价值最重要。事实上，一切决定都植根于清楚的价值观。价值观犹如人生的指南针，引导人走出各种困境。那些不会犹豫，能够很快做出决定的人，就是因为清楚地知道自己人生最重要的价值何在。

其次，表现你的价值观。每个复杂的体系，不论它是一部机器，或是一台电脑，其各部分结构都得协调一致，相互支持，方能达成最佳的动作；如果各行其是，没多久便会停机，人类也不例外。我们的行为若无法与内心最重要的愿望相符，就会在内心产生对立，成功也就遥遥无期了，更甭谈什么发挥潜能了。要想发挥潜能，要想成功，就一定得表现你的价值观。换句话说，你必须根据对你来说最重要的事情来拟定你的目标。

再次，还要保证坚守正确的价值观。华人商界领袖李嘉诚曾说过，人们往往把不成功归结于坏的运气，其实，很多人的失败是由他们错误的行为而导致的，只是他们没有注意到自己的错误而已。他们之所以感觉不到自己的错误，是因为他们行为的背后有着错误的价值观做支撑。他们往往误把不正确的价值观作为自己行为的基础，而这种错误的价值观是不可能引导他们走向成功之路的。因此，好好思考你目前所持的价值观，以及它们是怎么塑造出今天的你。今后你要坚守正确的价值观，修正错误的价值观，因为你的一切决定都受制于所持的价值观，半点都由不得自己。

总之，不管你的价值观是什么，千万别忘了，它就是你人生的指南针，引导着你人生的去向。每当你面临选择的关头，它就会引导你做出决定，拿出必需的行动。

独辟蹊径，走出自己的人生路

生活中，我们太习惯于走别人走过的路。我们偏执地认为走大多数人走过的路不会错。但是，回过头来仔细察看我们身边那些成功人士，他们中绝大多数人正是因为走了与众不同的路才获得了成功。成功可以复制，人生之路不能复制。漫漫人生旅途中，我们应该勇于走别人没有走过的路。惟有这样，才能走出自己的人生之路。

地狱的石油

一个石油大亨正向天堂走去，但圣·彼得对他说："你有资格住进来，但为石油大亨们保留的大院已经满员了，没办法把你塞进去。"这位大亨想了一会儿后，请求对大院里的居住者说句话。这对圣·彼得来说似乎没什么坏处，于是，圣·彼得同意了大亨的请求。这位大亨拢起嘴大声喊道："在地狱里发现石油了！"大院的门很快就打开了，里面的人蜂拥而出，向地狱奔去。圣·彼得非常惊讶，于是请这位大亨进入大院并要他自己照顾自己。大亨迟疑了一下说："不，我认为我应该跟着那些人，这个谣言中可能会有一些真实的东西。"说完，他也朝地狱飞奔而去。

正如弗洛伊德所说：从众是人类的本性。人的言行、是非观念常常受身边人的影响。能否减少盲从行为，运用自己的理性思维判断是非曲直，并坚持自己的判断，可以说是成功者与失败者的分水岭。有时失败和成功只差那么一点点，那就要看你是不是有勇气独辟蹊径，是不是有能力走出自己的路。

然而，现实生活中，很多人都有这种心理："跟着别人走，就算不成功，也不会输得太惨。"但是试想一下，别人的后面，能给我们留下多少机会呢？正是这种谨小慎微、拾人牙慧的思想，让很多人失去了成功的机会。

记得曾有一篇关于游泳健将唐娜·迪薇罗娜的报道，报道指出早期她是个不错但并非顶尖的游泳选手，但是她后来却在奥运会上拿到两枚金牌，究竟发生什么事了？她回答记者："以前我老是注意别的游泳选手，但是之后我就学会无视他们，游我自己的。"事实上，仔细观察各个领域的成功者，不论是音乐家、艺术家或是其他专家，他们都不是看着别人的作为有样学样而成功的。

所以说，追求成功的人，一定不要被从众心理所俘获。其实，通过成功之门的方法有很多种，你尽可以绕行、爬墙甚至是想法撬开那把锁，但决不能只受命运的摆布。根据自己的实际情况，选准目标，并用坚实的脚步去努力，不管起点多低，不管有多少人对此嗤之以鼻，最终的成功必将属于你！

丢掉"大路思维"

在当今这个人才辈出的时代，要想让自己成为人群中最耀眼的那一个，不妨丢掉众人都有的"大路思维"，去寻找一条属于自己的"路径"。然而，如何才能做到独辟路径呢？

第一，换个角度思考问题。在现实生活中，当人们解决问题时，时常会遇到"瓶颈"，从而束缚了自己，这就是只从一个角度思考问题的结果。如果能换个角度考虑问题，情况就会改观，就会有新意产生。

第二，打破惯性思维。思维最大的敌人是习惯性思维。人们发现问题、研究问题、解决问题往往都是凭借原有的思维活动的路径（思维定势）进行思考的。人们认识未知、解决未知，都是以已知或已知的组合、变换为阶梯的。因此，要想独辟蹊径，就要走出惯性思维的旋涡。

第三，开启创新思维。创新并非只是科学家、发明家的事，正如杰克·韦尔奇所言："我们每个人都有可能成为创新的人，关键是看我们有没有创新的勇气和能力，能否掌握创新的思维方法和运用创新的基本技法。”突破原来的思维定式，更新原来的思维模式，优化、深化思维的品质，人人都可以开启创新思维。

其实，很多事情都是因人而异的，一味地因循守旧是不会取得成功的。打破思想的桎梏，找到适合自己的思路，才能准确地体现出自身的价值。

07

最美好的人生，不外乎顺从己意

你有没有在那么一个时刻，静静地聆听自己内心深处的声音？我们真的无需出彩的表演、刻意的伪装，因为最美好的人生，不外乎顺从己意，跟随自己的感觉，做想做的事，爱想爱的人，就能活出最喜悦的自己。

跳出“格子”人生

从小到大，我们都在听从别人的声音给自己的人生画“格子”，左边一条线是学业有成，右边一条线是有一份稳定的工作，上面一条线是三十岁之前结婚，下面一条线是结婚后生孩子。好像只有在这个格子里面，才是安全的，才被别人认为是幸福的，一旦想跳出这个格子，就会有人说我们“作”。

但事实上，每个人的生命都应该是属于自己的，你可以选择自己想要的一切。静下心来，听一听自己的心声，按照自己最真实的想法去生活，只有这样，你才有可能获得成功，才能追寻到属于自己的幸福。

从画家到佛学专家

李叔同，也就是后来的弘一法师，早年时期一直生活在严格的家教之中，这使他成为了一名绅士；少年时期，完善的教育和他自己的勤奋，又使他成为了一个文人兼画家；青年时期，他远渡重洋到日本留学，并在日本娶妻生子。从那时开始，李叔同似乎达到完美，人人想得到的优点他几乎都拥有：高大帅气，诗文书画，珍宝钱财，应有尽有，而且家庭和睦。

然而，就是这样一个让人羡慕的人，突然在一个极其普通的夜晚，只身前往杭州一家寺庙遁入空门，法号演音。而且这时的他，已经是一位享誉国内外的名画家了。

他的家人和朋友知道以后，都来劝他还俗。他笑着一一拒绝，有人问他为什么要出家，他只是淡然答道：“我想来就来了。”当时的国画大师金智勇对他的行为也不理解，亲自到杭州看他，而他的问答却是：“我能做到最好，所以我就选择了。”

从此以后，他一心钻研佛法，足不出户，终于成了佛学大家，被人们尊称为弘一法师。

“我想来就来了。”这是多么平常又多么令人震惊的一句话！世俗的世界让多少人逃不开“格子”人生的束缚，而李叔同却轻松地从中走出，让人感叹也让人敬佩。

在人生前进的过程中，我们每个人都要面临着各种各样的选择，而每一次选择都是一次世俗与心灵的交战，也是一次“心”和“形”的较量。在现今的世界，还有多少人能够“心不为形役”？当你在做这些选择的时候，一定静下心来，听一听内心的声音，不管它有多微弱，也要坚持自己的观点，也要听从这些声音来指导自己的生活。

然而，更多的人，尤其是现在的年轻人则是在身边“过来人”的规划下一路走来的，从求学到工作，再到恋爱、婚姻，父母当参谋、定方向已然成为常态。久而久之，很多人甚至索性就躺在了父母的规划上乐享其成。然而，儿时依赖父母规划，走进社会不会规划的弊端正在发酵：做事不讲逻辑，遇事茫然无措，动辄意气用事等正在成为现代年轻人的符号。

其实，作为独立的成年人——“成年人”意味着在心理层面能独立地为自己做决定、负责任——能否为自己负起责任，是成年人与未成年人的本质区别。人只有真正独立，为自己负责，在世俗与心灵的交战中，或者说是“心”和“形”的较量中，只有按照适合自己的方式去生活时，才有可能获得成功，才能追寻到属于自己的幸福。哲学家纪伯伦给了我们最好的忠告，他说："父母就像一张弓，而子女却是箭。带我来到人世的是父母，但最终要对我负责的还是我自己。"

听从你内心的声音

无论"格子"里的人生看起来多么光辉，只要它不是我们想要的，我们就很难获得真正的幸福和成功。所以，以自己内心真正的渴望为动力吧，以自己的现在为基础、梦想为参照吧，每天督促自己朝着自己的方向走下去，不断成为更好的自己。那么接下来就是，学会听从自己内心里最真实的声音。

首先，和他人"分离"。这并不指空间或身体的分离，而是在情感层面把自己和别人分开，这是人成熟的必要条件—— 一个独立的成年人，必定在心理层面独立于父母和其他任何人，独立承担自己的责任，不受他人干涉。

其次，表达自己的本心。心灵的独特性必定要被表达，不能被一味压抑。否则的话，人会感到不快乐、不尽兴，也可能会体会到抑郁空虚，对心理健康造成影响。当心里比较平静时，就要倾听内心的声音，这样才能更加了解自己，才知道自己最真实的想法。也只有这样才能懂得如何去追求自己的理想。

再次，勇敢地坚持自己。实现自我的过程往往不会一帆风顺，必定会遭遇磨难。这听起来确实令人沮丧，可是，"不经历风雨怎么能见彩虹，没有人会随随便便成功"。其实，人类心理发展的事实是：必定要反抗，发出自己的声音，才能够真正成为自己。在你极力挣脱父母及他人束缚的同时，心理能量会不断得到历练和成长；你自己坚持不放弃，他人最终也会尊重你的决定。

记住，生命可贵之处就在于做自己。为自己而做，为自己的梦想而活，为自己的快乐而活。即便你是听从了他人的意见而走错了路，也不要将问题归罪于他人。因为只有你自己才能决定是否采纳他们的意见，所以该负责任的是你自己。归罪于他人，客观上又将解决问题和做出下一个决定的权利交给了别人，自己的问题最终得由自己解决，只有承担起对自己的全部责任，倾听自己内心的声音才能够把事情做得更好，也才是对自己的最大关爱。

做自己喜欢的工作

生活中，我们常常有这样的体验：在做自己喜欢的事情时，很少感到疲倦。比如，假日里你到湖边去钓鱼，整整在湖边坐了 10 个小时，可你一点都不觉得累，为什么？因为钓鱼是兴趣所在，从钓鱼中你享受到了快乐。因此，如果可能的话，请试着去找寻你所喜爱的工作。这也正好符合了苏格兰哲学家喀莱尔的那句名言："祝福那些找到他们心爱工作的人，他们已不再需求其他的幸福。"

摩西奶奶和渡边淳一

一位刚过 30 岁的人，写信给一位百岁老人，诉说自己的苦衷。说自己从小就喜欢写作，可阴差阳错，却当了一名医生，他对自己从事的职业一点也不感兴趣，他想改行从事写作，但又担心自己年龄太大，为时已晚。老人接到信后，立刻给这位医生回了一封信，信中说："做你喜欢的事，哪怕你现在已经 80 岁。"

这位医生接到信后，受到鼓舞，当机立断放弃了行医，拿起了笔杆，后来竟成了大名鼎鼎的作家，他就是日本的渡边淳一，而那位百岁老人也曾是美国弗吉尼亚州一位普通的农妇，名字叫摩西，在她76岁时因患关节炎放弃农活后开始画画，80岁时在纽约举办了个人画展，引起轰动，101岁辞世时留下1600幅作品。

做自己喜欢的工作，你才能像摩西奶奶和渡边淳一那样，找到真正属于自己的人生殿堂。向着某种理想或希望，全力以赴，做自己喜欢做的事，你就能做到别人做不到的事。

“做自己喜欢做的事！”很多人都这样告诉自己，但是同样又有很多人“败下阵来”。例如，一个国外调查机构曾围绕“职业与兴趣”这个主题对1000名职场人士进行调查，结果令人惊讶，竟有38%的人对自己从事的职业不感兴趣，而在这38%的人中，最后能脱离不感兴趣职业的不足3%。

为什么明明对自己所从事的职业不感兴趣，还要“泡”在其间，“钉”在其中呢？有人说，自己的工作是社会上比较有面子的工作，根本不去考虑什么喜欢不喜欢；有人说，现实太残酷了，兴趣与现实之间存在着太大的矛盾，不得不放弃；还有人说，太多的外界因素阻碍我去做自己想做的事情，例如家人朋友的反对、旁观者的议论，我实在无法坚持自己的立场……这种种理由概况起来就是：你迷失了自己！

其实，你只需简单地跟着自己的心走，终会找到一份自己感兴趣的、喜欢的工作。实际上，有很多人不能坚持自己的观点，就是因为总是过多在意别人的看法，而忽略了自己的本心。例如，你本来喜欢做一些富有挑战性的工作，但是家人和朋友劝告你还是做老师吧，工作不累，假期又长又多，将来还能够辅导自己的孩子学习。于是，你就动摇了，结果当了老师以后，还念念不忘自己喜欢的事情，生活过得必然非常郁闷。所以，一旦认准自己喜欢的事情，就要坚持下来，不要在意别人怎么看待和评价。

当然，如果你并不想或没有机会去做你喜欢的工作，那还有一个简单的解决途径，那就是：想办法喜欢上你现有的工作，把工作当成兴趣。其实工作与兴趣之间，往往只是一种一线之隔的状态。你尽可越过这条界线，消除这条界线，工作的压力就会变得兴趣般轻松，并能长久以此为乐。

在兴趣中释放你的能量

纵观世界上杰出的成功者，皆是执着于追求自己感兴趣的事情，又兴趣十足地投身于自己热爱的事业中，不但使自己特有的个性和素质得到磨炼，还使自己身上的优势潜能得到充分的发挥。但问题是，如何才能选择自己喜欢做的工作。

首先，要弄清自己真正的兴趣所在。有些事情，看起来喜欢，但事实是并非真正意义上的喜欢，喜欢只是自己的心血来潮，就好像爱一个人，没有相处前，把双方看成神，相处久了才感觉“没有意思”。

其次，要知道兴趣不只是好玩。自己喜欢的事情也应该有其积极意义，找出这个积极意义，为自己提供师出有名的支持。

再次，问问自己适合做什么。对喜欢的事情有了初步判断之后，可以问问自己究竟喜欢做什么，可以多举一些例子。

最后，慎重做出决定。依据前三步的结果，挑选出自己真正感兴趣的工作。并且，做好认真努力、发奋图强的准备。

总之，不要勉强自己去从事不感兴趣的工作，不要贸然踏进一个自己不喜欢的行业，一切都要以你的兴趣和热爱为前提，因为你想做的事才是你真正的天赋所在，才是你人生的成功点，才是你生命的寄托和精神的家园。

学会拒绝，只做自己该做的

在人与人的交往中，我们提倡相互帮忙，而这也确实可以给自己和他人带来快乐。但是，这种帮助并非毫无原则。如果是出于爱面子和怕得罪人的心理，当别人来请我们做事或帮忙时什么都说好，却没有考虑到自己的时间和能力能否允许去帮这个忙。最后，只能是答应了人家，但只是像沾调料一样沾一下，所有的事情都做不好、办不到，自己累得半死不说，还会落得一个费力不讨好的下场。

要消除这种痛苦，就必须改变做法。与其费尽周折地应付自己力所不能及的事情，不如直接而不失礼貌地拒绝。

拒绝之后

一个来自于农村的女孩，在一家打字店工作，人比较勤劳，也比较老实。她每天提前半小时到打字店，开始扫地擦地板擦桌子。同事忙不过来的时候，她也会主动帮忙。

有一天，女孩由于有事来晚了，等她到单位时，发现其他同事正在嘀咕："乡下人还摆架子，也不知道早来给我们打扫房间。"女孩突然意识到，自己的付出似乎毫无意义。这天快下班时，一位同事请她帮忙："你今天晚上帮我把这份稿子打出来吧，明天要交货。我今天晚上要去跳舞，先走了，人家还等着我呢。"

"很抱歉，我今晚有事。"女孩毫不犹豫地第一次回绝了那位同事。

那位同事从未没有遭到过女孩的拒绝，待在那儿愣了一下，就知趣地离开了。

第二天，女孩去上班的路上恰巧遇到那位同事。那位同事并没有表现出任何异样，反而主动打招呼。从此，那些不合理的请求少了。当她给别人擦桌子的时候，别人也会礼貌地回应了。通过一次拒绝，女孩换来了自己的平等和尊重。

不会说“不”，只会让他人觉得你是一个逆来顺受的人。有时候，在真正鼓足勇气拒绝他人之后，你会发现原来所顾虑的事情一件都没有发生，而你的生活却发生变化，别人开始尊重你，开始意识到你的存在。

然而，现实生活中，还是会有很多人义无反顾地做起了“老好人”，对所有人都笑眯眯的，对别人的话语总是随声附和，对别人的要求总是有求必应，从来不知道要去拒绝。可是，做一味讨好别人的老好人，你不但没能受到所有人的喜欢，恰恰相反，你有时甚至还会非常沮丧，明明自己认为做得很不错，而且已经委曲求全，可就是得不到某些人的欢心，甚至连一点理解都没有。为什么越是想讨好每一个人，越是达不到众人满意的结果呢？原因是，过多的逢迎往往让所有人都不曾注意到你的“好”，反而责备你可能的不周到。这就是“老好人”的悲哀。

既然如此，我们为什么还要活得这般累呢？受别人欢迎也罢，不受别人欢迎也罢，只要自己没有违背目的和道德，没有损害他人的利益，不做亏心事，不说过头话，就不要过多地操心别人对自己的毫无意义的评价。大千世界，千面人生，何必如此苛求别人与自己呢？只有懂得适时地向他人说“不”的人，才会把自己从许多无聊的事情中解脱出来，高效地完成工作，也能过自己想过的生活。正如喜剧大师卓别林所说：“学会说‘不’吧！那样，你的生活将会美好得多。”

必要时学会拒绝

当然，拒绝也是一门学问。掌握一定的技巧，才能既落个轻松自在，同时又让被拒绝的人了解你的坦荡和真诚。然而，当你不得不拒绝他人的请求时，应该怎样做呢？

首先，态度上要诚恳。一定不要给人敷衍了事的感觉。一个简单而有效的技巧就是你要认真倾听对方的请求。倾听能让对方有被尊重的感觉，这样你在说“不”的时候，才不会让对方觉得你在应付，也能避免使用能“惹恼”对方的话。在拒绝之前倾听还有一个好处：或许听了对方的陈述，你能够针对他的情况，建议他如何获得适当的支持。要是能够提出有效的建议或替代方案，对方或许会在你的指引下事倍功半，你自然也会成为感激的对象。

其次，表达上要明确。拒绝的态度要明确。在确定自己要拒绝对方时，拒绝的意思一定要明确，使对方明白无误地了解你的意思。也就是说拒绝时应打消对方的幻想，不要用含糊的托词如“我再想想看”“到时候再说”等，应有明晰的信息：“很抱歉，我不能满足您的要求。”态度坚决，别人就不会再来纠缠了。

再次，语言上要委婉。在语言上，应该注意含蓄一些、委婉一些。毕竟被拒绝总是让人难以接受，就像一个美丽的肥皂泡，如果直接一下子戳破未免有些残忍。可以说，拒绝这件事，更需要你发自内心的耐性与关怀，这样对方才能真正地接受你的拒绝。最后千万不要忘了温柔诚恳地说声“真的很抱歉”。

总之，学会说“不”其实是一种生活智慧。我们不可能让每个人都满意，因此不必期望人人都表示赞许，这样，我们就不会自寻烦恼，情绪消沉。如果总是为了面子，委屈自己，有些时候反而会弄巧成拙。排除一些不必要的干扰，让人与人之间的相处更简单一些，还可以将自己从琐碎的事务中解脱出来，把更多空间留给幸福。

坚持做自己认为正确的事情

很多时候，人就是需要这样一种信念：自己认为对的，就去做！不管现实和环境及别人怎样，无论别人做不做，自己都应该学会坚定地去做自己认为正确的事情。也许小小的行为不会改变事情的发生，世界也不会变，但是至少我们不会让他人改变自己。

孤独的巨人诺贝尔

1862年夏天，诺贝尔开始了对硝化甘油的研究。这是一个充满危险和痛苦的艰苦历程。因为与硝化甘油为伍，就意味着死亡随时都有可能降临。而他也确实为此付出了沉重的代价——在一次爆炸试验中，诺贝尔新建的硝化甘油工厂夷为平地，而更令人悲痛的是，诺贝尔最小的弟弟埃米尔和四个助手被炸死了，他自己也负了重伤。这次事故，也使诺贝尔的父亲受到了十分沉重的打击，没有多久就去世了。周围的邻居们出于恐惧，也纷纷向政府控告诺贝尔，此后，政府不准诺贝尔这个“科学疯子”在市内做实验。

但是，不顾政府的禁锢和亲人的眼泪，诺贝尔百折不饶，陆地不行，他就在梅拉尔湖上租了一条破船，建立了自己的新工厂。这个湖上的工厂只能在湖中心活动，一旦漂流到岸边，就要遭到居民的唾骂和攻击。实验经费奇缺、设备简陋和遭人非难的艰苦状况，丝毫没有动摇诺贝尔的决心。

通过反复而长期的研究，在1867年，诺贝尔用25%的多孔硅藻土吸收75%的硝化甘油，终于制成了安全的黄色炸药。1875年，他又将92%的硝化甘油与8%的硝化纤维混合，制成了比硝化甘油爆炸威力更强的炸药，可用于岩石爆破。1887年，诺贝尔经过多次实验，又制得了无烟火药，适于做枪炮子弹的发射药。

诺贝尔一生的发明极多，获得的专利就有255种，其中仅炸药就达129种。甚至在生命的最后一刻，诺贝尔还不忘他的炸药研究。

别害怕孤身上路，凡是自己认为正确的事情，都值得去说，值得去做。别人有别人的判断方式，你有自己的特殊倾向，千万别让旁人的无知愚昧、大惊小怪或者消极态度阻挡了你的脚步，让你不能做最好的自己。

不过，要坚持做自己认为正确的事情，并不是一件容易的事。因为在成长的历程中我们往往会接受着来自各种渠道的指导：小时候父母会告诉你要怎么怎么做才是正确的；读书时老师会告诉你怎么怎么做是正确的；工作后老板会告诉你怎么怎么做是正确的……最后，不论你自己想决定做些什么的时候，才发现自己已经不再那么坚定地信任自己的判断了。不过，即使错了又怎样？雨果曾说：“尽可能少犯错误，这是人的准则。不犯错误，那是天使的梦想。”人从小到大，从大到老，就是一个不断犯错误，不断改正错误的成长、成熟过程。如果你因为害怕犯错误，害怕别人嘲笑或指责，就止步不前，又注定是另一个错误。

埃连娜·罗斯福说得好：做你心里认为正确的事——因为你不管怎么做总会受到批评。如果你做的话，会受到指责；而你不做的话，还是会受到指责。那么，我们还有什么理由不去坚持做自己认为正确的事情呢？

不要在意别人的冷嘲热讽

在没有成功之前，你只有默默地前行，不要在意别人的冷嘲热讽。你必须有集中精力的能力，学会接受生活中的各种不愉快。这样才是一个最自由、最坦率、最理想的自己。

那么，如何才能在别人的鼻子底下坚持做自己想做的事情呢？

首先，增强自己的意志力。将意志力应用于积极向上的目标，将会变成一种巨大的力量，从而忘掉一切不愉快的事情。同时，提高自己对外界反应的“抵抗力”，不论什么东西也不能把你击倒。

其次，学会视而不见。要下定决心不去管别人的坏情绪，就当自己看见一件丑陋的家具那样自然。这种傲然、坦然的人格立场，是一种恒定的力量，久而久之，给自己“脸色”看的人也就自觉没趣，脸色也就悄然隐匿了。

再次，始终明确自己的目标。致力于自己的奋斗目标，工作的乐趣会使自己忘记一切负面的东西。如果可以，你还需加快前进的步伐，这会让自己根本没有时间顾及其他的事情。

最后，你一定要坚持到底。俗话说“有志者事竟成”，将自己的注意力集中到目标上来，从而忘却一切的干扰和影响。人的一生不可能一帆风顺，多多少少都会遇到一些坎坷和波折。世界上之所以有强弱之分，究其原因是强者在接受命运挑战的时候说：“我会坚持下去。”弱者说：“算了，我承受不住。”当你将恒心和毅力转化为习惯时，无论遭受多少挫折，你仍能坚持朝成功的顶端迈进，直至抵达为止。

请一直率性地活着

《礼记·中庸》中说："天命之谓性，率性之谓道。"所谓"率性"就是指天所命于人之性，使人对于日常事物皆能合乎当然的规范。在《礼记·中庸》的作者看来，人只要能遵循天所赋予的人性，就能够合乎自然之理，这是人在现实的社会生活中应该选择的道路。

老铁匠的壶

在一个老街上有一位老铁匠，由于没人再需要他打制的铁器，他现在改卖铁锅、斧头和拴小狗的链子。他的经营方式非常古老和传统，人坐在门内，货物摆在门外，不吆喝，不还价，晚上也不收摊。你无论什么时候从这儿经过，都会看到他在竹椅上躺着，手里拿着一台半导体收音机，身旁是一把紫砂壶。他的生意没有好坏之说，每天的收入正够他喝茶和吃饭。他老了，已不再需要多余的东西，因此他非常满足。

一天，一个文物商人从老街经过，偶然间看到老铁匠身旁的那把紫砂壶——古朴雅致，紫黑如墨，有清代制壶名家戴振公的风格。他走过去，顺手端起那把壶。壶嘴处有一记印章，果然是戴振公的。商人惊喜不已，想以10万元的价钱买下那把壶。

当他说出这个数字时，老铁匠先是一惊，后又拒绝了，因为那把壶是他爷爷留下的，他们祖孙三代打铁时都喝过这把壶里的水，他们的汗也都来自这把壶。壶虽没卖，但商人走后，老铁匠有生以来第一次失眠了。这把壶他用了近60年，并且一直认为是一把普普通通的壶，现在竟有人要以10万元的价钱买下它，他转不过神来。过去他躺在椅子上喝水，都是闭着眼睛把壶放在小桌上，现在眼睛是一点也不敢闭，这让他非常不舒服。特别让他不能容忍的是，当人们知道他有一把很值钱的茶壶后，蜂拥而来，有人问他还有没有其他的宝贝，有人甚至开始向他借钱。更有甚者，晚上推他的门。他的生活被彻底打乱了，他不知道怎样处理这把壶。当那位商人带着20万元现金，第二次登门的时候，老铁匠再也坐不住了。他召来了左右店铺的人和前后邻居，当众把壶砸了个粉碎。

现在，老铁匠还在卖铁锅、斧头和拴小狗的链子，如今他已经102岁了。

任何刻意的生活，都是没有乐趣的。只有率性而为的时候，一个人才会得到真正的快乐。

然而，现代社会中，还有多少人拥有“砸壶”的率性呢？

其实，我们每个人都曾经率性地活过，因为人在小时候就是率性的，都是为了获得乐趣而行动。可是，随着年岁逐增，物质、金钱、家庭等“大事”占据了我们所有的时间，于是我们产生许多新的认识、新的想法、新的理解、新的心计、新的谋略。于是，我们渐渐地淡忘了率真，也遗弃了率性，服从于社会运行的规则。有人就曾颇为感慨地说了这样一段话：“不知道是不是随着年龄的增长，雄心和锐气也随着磨灭了。似乎总是在尽力维护平和的气氛，怕现有的一切受到损害，而不敢坚持自己的原则、坚持自己的主张，哪怕仅仅是为了不伤和气。任何有可能突破那张无形的网的姿态、语言，在没发生之前就被自己先行扼杀了。人变得越来越世故，越来越圆滑，再没有率性而为的那种气概。这是进步了？还是退步了？年少的无所忌惮和坚持理想已经越来越远了，做起事来考虑人的问题远比考虑事情本身要花多得多的精力和时间……”我相信这并不是个案，它说出了很多人的想法。

事实上，成长，不一定是要以失掉自己的率性作为代价的。只要我们愿意，我们完全可以一直按照自己喜欢的模式率性而活。谁说穿衣服一定要名牌，舒适即可；谁说一定要住高楼大厦，住得舒心即可。有钱不一定要做各种投资，通过自己的智慧让自己有基本的生活保障，去做有助于自己精神成长的事不是更好吗？

何为率性而活

宇宙之大对于我们每一个人都是相同的，关键在于我们是否以宇宙为空间，在自己的支点上站得住。率性而活，就是指顺着自然的方式和天性生活。“无欲自然心如水，有营何止事如毛”，在欲壑难填、混沌纷扰的世界，保持一份清心寡欲的高洁。

率性而活，不是肆意妄为，不是懒惰无为，而是向着自己的理想努力拼搏，无视那些挫折、困苦、失败，以自己最大的努力向理想前进。

率性而活，不是放任自己的过失，而是勇于面对过去，面对失败，无视那些失败带来的自卑感，以自己最强的自信心迎接未来的挑战。

率性而活，不是自暴自弃，享乐现在，而是充分利用时间，去学习，去提高，去休息，去娱乐，去享受无论是数字、文字，还是音乐、画作，抑或是图像、友情带给我们的各种快乐。

率性而活，不是安于天命，不思进取，而是刻苦用功，不畏困难，无视那些不理解的目光，以自己最大的能力奋发向上。

率性而活，不是一味地向往美好未来，而是做好迎接未来的各项准备。

率性而活，是一种自守，以宁静的心态面对纷呈的生活，以平常的心态对待不平常的事情，以安静的心态对待嘈杂的外界，以平和的心境对待世态的炎凉。

顺其自然是对生命最好的成全

太阳、月亮、星星，不需要看地图就能知道怎样依照自己的轨道运行，如果给它们圆规和尺子，说不定它们反而不知何去何从。人也一样，如果你不能享受生命中的自然而然，反而让自己去遵循那么多的原则、那么多的箴言，其结果一样是无所适从。所以，不必去刻意要求什么，你要对自己的生命有信心。这也就是佛家讲究的“万事皆缘，随遇而安”。

随性、随遇、随缘、随喜

三伏天，一座禅院的草地上枯黄一片。

徒弟焦急地说：“师傅，我们快撒些草籽吧，好难看啊！”师傅挥了挥手：“等天凉了，随时吧。”

秋天到了，师傅买了一大包草籽叫徒弟去播种。这时，突然一阵秋风刮来，草籽随风飘舞，徒弟喊：“不好了，师傅，许多草籽被吹飞了！”师傅说：“没关系，吹去者多半中空，落下来也不会发芽，随性吧。”

可是，刚撒完草籽，就飞过来几只小鸟啄食，徒弟又急了。师傅却头也不抬继续翻着经书：“没关系，草籽本来就多准备了，吃不完，随遇吧。”

就在这天半夜，却突然下起一场大雨，徒弟又冲进禅房“报告”：“师傅，这下完了，草籽被冲走了！”师傅正在打坐，连眼皮都没有抬：“冲到哪儿，就在哪儿发芽，随缘吧。”

半个多月以后，本来光秃秃的禅院突然长出许多青苗，就连一些未播种的院角也泛出绿意。徒弟高兴得直拍手。师傅站在禅房前，微笑着点点头：“随喜吧。”

只有懂得万事万物都是因缘和合，缘聚则成，缘灭则散的道理，才能在迁流变化的无常中，安身立命，随遇而安。

或许你会认为顺其自然是一种无奈的姿态，是在经历失败后保护自己不受伤害的漂亮托词。年少时的我们，心里总有一些不屈服的倔强或者放荡不羁，总是选择无所顾忌地勇往直前，即使头破血流也在所不惜，那个时候我们是不知道顺其自然的，因为我们满脑子都被成就充实，渴望有成就感，渴望有亲和力，渴望有控制权。

其实不是。顺其自然是一种人生态度，高超而豁然，它需要潇洒的胸怀，是你看透眼前的浮云，把人生滋味尝透后的一种生活智慧。人生在世，美貌、权力、财富、名誉都不过是过眼云烟，你得到了，那就去珍惜，如果不是你的，就不该强求自己刻意地去追求，人应该学会顺其自然地活着，越是刻意追求反而会拉其所累，最终迷失了自己。

人生之事，乐在自然，刻意地追求，往往只令人徒增负累。试着去享受生命中的自然而然，专心走路、专心吃饭、专心地爱。平静、喜乐油然而生！

生命中需顺其自然的那些事

也许你会说：“人不应听凭命运的安排，把自己的一生付诸于天意。不能因为自己生来贫困便安于贫困，生于恶境便安于恶境，那不是逆来顺受了吗？”这里，应从积极的角度来看问题。因为很多时候、很多事情并不是只要努力就可以的，比如：

你的出身：有人天生就是王，有人天生就是贵族，但是很多人天生就很平凡。当然，我们无法选择自己的出身，却可以选择自己的未来。这个世界上，没有什么不可以改变的东西，如果你想改变的话。

离你而去的人：缘分到了莫放手，缘分尽了莫强求。离你远去的人，是他失去了你，不是你失去了他。当对方不再爱你的时候，请轻轻拥抱一下回忆里的温暖，用祝福凝视凋谢的温柔。这样虽然你们没有在一起，但彼此仍会以对方为荣，仍会永远敬爱并记得对方。

无可救药的喜欢：爱情如同一件贵重的礼物。如果别人心甘情愿送给你，你自然欣喜万分、充满甜蜜；如果别人没有送给你，你其实也并没有缺少什么，你依然是你。

你的过去：时间比水流失的还要快，一秒就成为了下一秒的过去，但是，美好可以回忆，但绝不要留恋。

别人的嘲笑：嘴长在别人的身上，耳朵在自己身上，说不说是他们的事情，听不听是你自己的事情，要学会微笑地面对这一切。

不可避免的死亡：生命是个过程，死亡只是必然的结果，但轨迹是自己的色彩和温度，既然不可避免，那么就更无所畏惧。

倒向你的墙：也许这面倒向你的墙，让你无法呼吸，也许会让你失去一切，如果你挺起肩膀，抬起头来，你会发现很多事情没有你想象的那么糟。“永远不要后退，退到最后无路可退。”

当你知道生命中需顺其自然的那些事，就不必勉强为难自己，心放开了，就什么都好了。心放淡一点，再淡一点，没有那么多给自己设置的心结，心境也就平和了。

08

人生不是比赛，不必执着于比较

人生不是比赛，不必执着于比较——其实，也根本没有必要——因为总有人比我们更成功，也总有人比不上我们。如果我们一辈子都在羡慕他人的生活、哀叹自己的不幸中度过，那么，就会增加许多无谓的烦恼；而如果我们能安心享受自己的生活，不和别人比较，那么，幸福快乐将伴随我们度过每一天。

不必羡慕别人，幸福没有可比性

《牛津格言》中有句名言："如果我们仅仅想获得幸福，那很容易实现。但如果我们希望比别人更幸福，就会感到很难实现，因为我们对于别人的幸福的想象总是超过实际情形。"

的确，许多时候，你感到自己不幸福，仅仅是因为觉得别人比自己幸福。你或许会愤怒：小林都涨工资了，我却还在原地踏步，到哪儿说理去呢？你或许会哀叹：老高买新房子了，他和我一块进的公司，看看人家，再看看自己，唉……你或许会伤心：人家的孩子怎么就那么争气呢？看看自己的孩子，真是没办法……可是，你想过没有，无论是别人展示的，还是我们关注的，往往都是风光的一面、得意的一面。或许小林根本就没涨工资，只是他爱面子吹牛罢了；或许老高买房的贷款，正逼的他想跳楼；又或许你自己的孩子也不见得真的不争气……

宫殿里也会有悲恸，瓦屋下同样也会有笑声。其实生活就像围城，站在城里，向往城外，而一旦走出围城，就会发现生活其实都是一样的。所以，我们不必羡慕别人，幸福根本就没有什么可比性。

和尚与农夫

在河的东岸，住着一个和尚，在河的西岸，住着一个农夫。

和尚每天看着对岸的农夫日出而作，日落而息，觉得他生活得非常充实，非常羡慕。而农夫也在对岸，每天看着和尚无忧无虑地诵经、敲钟，生活十分轻松，自己非常向往。因此，他们的心中同时产生了一个念头："真想到对岸去！换种生活！"

恰巧这一天，两人见面了，他们经过商谈，达成了交换身份的协议，农夫变成了和尚，而和尚则变成了农夫。

一段时间之后，变成和尚的农夫发现，和尚的日子其实一点也不好过，那种敲钟、诵经的工作，看起来很悠闲，事实上却非常烦琐，而且更重要的是，僧侣刻板单调的生活非常枯燥乏味，虽然悠闲，却让他觉得无所适从。于是，每天敲钟、诵经之余，成为和尚的农夫都坐在岸边，羡慕地看着在彼岸快乐工作的其他农夫。

做了农夫的和尚也是一样，他重返尘世后，痛苦比农夫还要多，面对俗世的烦忧、辛劳与困惑，他非常怀念当和尚的日子。于是，他也和农夫一样每天坐在岸边，羡慕地看着对岸步履缓慢的其他和尚，并静静地聆听彼岸传来的诵经声。

而他们的心中，又同时响起了一个声音："回去吧！那里才是真正适合我的生活！"

不要盲目羡慕别人的生活，其实，人生失意无南北，各人自有各人的烦恼。无节制的攀比和不自量的要求只会给自己带来超量的心理负荷，破坏的也只能是自己的快乐和幸福。就像故事中的和尚和农夫一样。

事实上，我们每个人都有令人羡慕的东西，也有令自己缺憾的东西，没有一个人能拥有世界的全部，重要的在于自己的内心感受。如果你能体会到每个生命都有欠缺，就不会再去与人做无谓的比较了。其实，那些心态平和的人也许生活中的物质享受并不比任何人好，只是他们能够接受自己，懂得知足而已。

放弃消极的比较

不过，要想消除人与人之间的比较，也是一件不现实的事情。但是，放弃消极的比较，却是可行且必须要做的事情。那么，我们该如何去做呢？

首先，学会全面地看待自己。在自己和别人做比较的时候，往往是点对点的比较，而不是面对面的比较。事实上，你所比较的方面并不能代表你的全部，那只是你的一个小部分而已。如果仅仅以这些小方面来否定或者肯定自己的话，很容易扰乱自己的心理，结自己增加不必要的负担。因此，无论是在职场中，还是在生活中，都应该全面地看待自己，不犯以偏概全的毛病。

其次，客观地看待成败。生活中，我们总是以自己不足、失败的部分去和别人的成功、优势比较，很显然，这种“鸡蛋碰石头”的事情会让自己失去自信、给自己的心理造成打击。其实，失败对每个人来说都是在所难免的。不以成败论英雄，引导自己客观地看待成败。成，要知道成在哪里，下次如何发挥得更好；败，也要明白败在何方，下次该如何规避。

再次，不用一些五花八门的标准来衡量自己。世界上总是存在着一些五花八门的标准，虽非明文规定，但却是约定俗成。但那么多的标准，我们又怎么能够一个一个全部去满足呢？因此，干脆忘掉这些标准，做最快乐的自己吧。

最后，不以任何人为参照物。我们每个人都是独一无二的个体，没有必要依靠任何一个参照物存活。更何况，很多时候你的参照物可能选择得并不正确。举个例子来说，如果你是一名作家，拿自己作品的销售量与卡耐基相比，以此来衡量你作为一名作家的价值，绝对会深受打击。因此，你完全没有必要拿别人当参照物，要想参照，拿自己的过去当参照物即可。

把目光从别人身上收回来

仔细想一想，其实生活中的许多烦恼大都源于我们将目光过多地放在了别人身上，而忘了关注、忘了享受自己的生活。例如，看到别人买了一辆奔驰汽车，你就要买宝马。钱不够？没关系，去银行贷款，即使节衣缩食也要把别人比下去。看到别人评上了优秀员工，升职了，而你还在原地踏步，服气吗？当然不！你也许会找机会把他拉下那个位置……

实际上，世界上的每个人都是独一无二的，无论是生活在上流社会的贵族名媛，还是处于忙碌奔波中的人民大众，都有各自的生存方式。如果你可以把目光从别人身上收回来，那么，无论身处哪个圈子里，你都能过着属于自己的生活，享受着生活赐予你的独特的幸福。

按自己的曲子跳舞

有个人一直想追求快乐、幸福、充实和满足，为此，他总是紧随潮流，当别人有手机的时候，他立刻就买来；当别人有轿车的时候，他也不甘落后，马上开上了属于自己的小轿车。凡此种种，但他仍然快乐不起来，也感觉不到丝毫的幸福和满足。郁郁寡欢的他为了摆脱这种情绪，决定出门旅行。

有一天，他来到了一个很偏僻的少数民族村落，这里相对封闭，没有多少现代化的东西。可是，他发现村民们却活得非常快乐。一到晚上，人们吃罢晚饭，就在一片空地上点起篝火，乐师们弹起他们心爱的乐器，男女老少一起载歌载舞，直到尽兴才归，从他们的神态中，看不到一丝一毫的忧愁，你所能感受到的除了快乐，还是快乐。他们有什么值得快活的资本呢？他百思不得其解。

一个晚上，在村民们跳舞的间隙，他与一位年长的乐师攀谈，他问乐师："为什么你们总是那么快乐？"老乐师听了他的话并没有马上回答，而是弹起了一首古老的曲子，老乐师对他说："年轻人，你跳起来吧，但是，你一定要记住，不论我弹什么曲子，你都不要受我的影响，而是要学会按照你自己心中的那只曲子跳舞。我相信你会找到答案的。"就这样，他真的跳了起来，虽然，他跳得很累，而且没有受乐曲的一点影响，但是不知怎么回事，一场舞跳下来，他却很轻松、很惬意，那是一种他从来也没有感受过的快乐。而就在他静下来的那一刹那，他心中突然一亮，老乐师真是高人，原来他是在告诉自己，一个人如果要想真正获得快乐，那就必须按自己的曲子跳舞。

按自己的曲子跳舞，你才能获得快乐、幸福、充实和满足。

其实，作为社会人，人很难将目光仅仅集中在自己身上，常常会将自己与他人做比较，看谁更有能力，谁更富有，谁更有权势，谁更走运等。当然，比较，从某种意义上来说，也是一种全面认识自我的方法，通过与他人比较，我们能够了解自己的缺点和长处，从而提高自己、完善自己。但是，比较的多了，如果控制不好，就会变成攀比——即"攀"住别人比较，是拿自己的无与别人的有、自己的不足和别人的足相比。例如大学同学聚会上，女同学甲和女同学乙都各自为了面子，说自己的老公如何能赚钱又如何对自己好。各自回家，甲对自己的老公说：唉，乙长得那么磕碜，怎么就命那么好，找了一个对她好得不得了的老公。乙回到家，对自己的老公说：甲上学时成绩平平，看不出什么能耐，居然找了一个钻石王老五做老公！

你是不是也在其中找到了自己的影子？其实，人各有所长，各有所短。不攀比别人的才华，只挖掘自身的潜能，不渴望别人的成绩，只热爱自己的一切，才不会被世俗所诱惑，也不会被欲望所羁绊。一个人只有将目光从别人身上收回来后，才能看到自己头上那片美丽的天空。

多把目光放在自己的身心上

“梅须逊雪三分白，雪却输梅一段香”，其实不管你现在的生活状态如何，你都已经拥有了很多美好的事情，你只需要重新认识自己的生活。多把目光放在自己的身心上，生活必定会充满快乐。

第一，享受你所拥有的一切。热爱自己现在的生活，最好的方式之一就是写下生命中让你心怀感激的事情。也许只是爱人为你做的一顿可口的晚餐，也许只是辛苦一天后好好洗个热水澡，甚至只是和朋友闲聊的时光……但就算是很琐碎很没有意义也没有关系，因为正是这些日常生活中快乐的小时刻让我们的生活变得有意义。

第二，专注生活中好的方面。当想到未来的目标和理想时，我们很容易在当下陷入一种消极的情绪中。也许，你开始想到要改变生活中的所有事情：减肥、健身、戒烟、换工作等等。但同时，你也应该看看现在的生活中已经很好的部分，比如：你可以在自己的爱好上花更多的时间；你已经培养了一些真正的优势；你有很好的人际关系；你有温馨的家和可爱的孩子……专注生活中好的方面，会让你重拾对生活的热情。

第三，活在当下。释迦牟尼说：“不悲过去，非贪未来，心系当下，由此安详。”为未来计划和从过去学习，这都是很正确的做法，但如果你的心里总是在纠结“明年等……的时候事情可能会好起来”或是“去年的生活轻松多了因为……”那就不太对了。把你的注意力放在现在，而不是追忆已成过去的往事，或是忧心还未到来的明天，你会从已经拥有的生活中感受到更多的乐趣。

与人争面子，不如自己挣面子

爱慕虚荣是人性的弱点之一。英国大哲学家培根就曾这样说过：“虚荣的人被智者所轻视，愚者所倾服，阿谀者所崇拜，而为自己的虚荣所奴役。”

虚荣往往与自尊和脸面有关。有虚荣心的人否认自己有不如人的地方，包括物质和精神两方面。于是，在现实生活中，他们会为了所谓的“面子”而采取各种手段去掩饰自身的缺陷和不足，甚至“打肿脸充胖子”掩盖自己不如人的地方，这样长期下去就容易使自己的人格受到歪曲，而“爱面子”也常常会变成“丢面子”。

舞会上的伯爵夫人

伯爵夫人准备参加在韦尔夫人家举行的舞会。那天，天还未亮，伯爵夫人便早早起床，吩咐女仆点上蜡烛，开始为自己梳妆打扮。

由于伯爵夫人头发灰白，因此，她得戴上假发。但伯爵夫人不愿别人看出这个破绽，为此她要求女仆为自己戴假发时，要把四周掩饰得天衣无缝。女仆为此反复地戴上，取下，再戴上，再取下，就这样来回折腾了一个小时，才算把假发戴好。伯爵夫人的眉毛稀疏，按照伯爵夫人的要求，女仆拿着眉笔，左描右画，又反复折腾了一个小时，伯爵夫人才满意地放下镜子。接下来，伯爵夫人便让女仆开始为自己的脸上抹粉，粉是抹好了，可又是一个小时过去了。

此时，马夫早已在屋外备好了马车，并告诉伯爵夫人，应该上路了，因为到舞会的地点还有很长一段路程。但伯爵夫人毫不理会，而是站在宽大的穿衣镜前，开始试穿礼服。然后是选袜子，搭配鞋子……当伯爵夫人对镜子中的自己十分满意时，她才上了停在屋外的马车。但是，当伯爵夫人赶到韦尔夫人家时，舞会已经接近尾声。

当伯爵夫人出现在舞会现场时，大家都惊奇地赞叹道：

"上帝啊！你的气质真好！"

"你的头发真漂亮！"

"你真是魅力四射！"

听到一阵阵的赞美声，伯爵夫人得意地说："我当然知道自己最具魅力了，因为为了这场舞会，光化妆就花了 8 个小时！"

"哦，你身上有那么多需要掩饰的地方吗？"从角落里传来一个男人低沉的声音。

"哈……"满屋子的人听后都大笑起来。

在一片笑声中，伯爵夫人突然昏倒在了地上。众人忙停住笑，惊恐地上前围住伯爵夫人。

"没事的，请给伯爵夫人灌一碗参汤吧，她已饿得发昏了。为了保持身材的苗条，她已三天未吃东西了。"伯爵夫人的女仆上前小声地对韦尔夫人说。

笑声再一次充满了整个屋子。

当一个人过于看重面子的时候，其实已经失去了自己想维护的面子。我们甚至可以说，人的虚荣心都是和他的愚蠢等高。

然而，类似的事情却常常在我们身边发生。例如，没钱的人为了"面子"，会在别人面前撑着、挺着，装成有钱人的样子来保护自尊，却不知处处丢了"面子"。所以，我们没必要为了面子而勉强使自己显得处处比别人强，仿佛自己什么都能做到。每个人都有缺陷，不要试图每一方面都在别人之上。殊不知，越怕出丑越丢丑，一定要放下面子，只有放下面子，遇事时，才能够淡定、从容，有条不紊地去解决。

事实上，真正的优秀，是不会因某些成就而沾沾自喜的；若为所成就的人、事物感到骄傲，也应该是心存感恩、健康的骄傲，而非不当的“虚荣”。放下面子，舍弃虚荣，得到的才是真正的尊严。

不要被自己的虚荣心奴役

我们已经知道了，爱面子是一种不健康的心理，那就应该在生活的方方面面注意，防止虚荣心“侵蚀”我们的心灵。

首先，端正自己的人生观。虚荣心强的人，与其说是为了脱颖而出，鹤立鸡群，不如说是自以为出类拔萃，所以不惜用欺骗、诡诈的手段，使虚荣心得到最大的满足。但事实上，自我价值的实现不能脱离社会现实的需要，必须把对自身价值的认识建立在社会责任感之上，正确地理解权力、地位、荣誉的内涵以及人格自尊的真实意义。要追求真善美，不要通过不正当的手段来炫耀自己。

其次，要克服盲目攀比心理。如果只是一味地跟别人比较，心理上的不平衡只会让虚荣心更加强烈。但比较又是人们常有的社会心理，那么，就要掌握正确的比较方法。从方向上讲，要多立足于社会价值而不是个人价值的比较，如比一比个人在学校和单位的地位、作用与贡献，而不是只看到工资收入、待遇的高低；从范围上讲，要立足于健康的而不是病态的比较，比成绩、比干劲、比投入，而不是贪图虚名、嫉妒他人、表现自己。

再次，做自己，不要受制于别人的评价。别人的议论、他人的优越条件，都不应当是影响自己进步的外因，决定需要的是自己的努力。只有这样的自信和自强，才不会被虚荣心所驱使，才能成为一个高尚的人。不要在意别人的议论，别人说你个子矮，你没必要穿增高鞋来掩饰自己，别人说你穿着寒酸，你也没必要用名牌把自己包装起来。要相信自己总有优点，不必为别人的议论乱了自己分寸，掉进虚荣陷阱里。

最后，还要珍惜自己的人格，只有崇尚高尚的人格才不会让虚荣心有抬头的机会。总之，做任何事情，都不要让自己的面子成为自己的绊脚石，不要怕出丑，放下不值钱的面子，走出面子围城，这不是软弱，而是人生的智慧。

世界本非根据公平的原则创造

在这个世界上，许许多多的人都认为公平合理是生活中应有的现象。但实际上，绝对的公平并不存在，要寻找绝对公平，就如同寻找神话传说中的宝物一样，是永远也找不到的。

当你埋怨着生活对自己不公，慨叹着自己生不逢时，这一生就在怨天尤人中蹉跎而过。既然世上没有公平，那我们不如去思考，如何更好地去适应生活的不公。唯有适应当下的环境，才有机会去改变自己的处境。

凸点系统的诞生

普瑞尔生于巴黎附近一个小镇，父亲开了一家皮革店，普瑞尔常常到店里玩耍。

就在普瑞尔3岁时的一天，命运给了他第一个不公平的待遇。父亲因为有事离开了店铺，普瑞尔便一个人在店里玩，不幸用小刀划伤了左眼，导致左眼失明了。从此以后，陆陆续续的不公平接连降落在普瑞尔身上。

普瑞尔的左眼失明后不久，右眼就受到发炎影响也看不见了。才3岁的普瑞尔便失去了用眼睛看世界的能力。然而，普瑞尔并没有因此变得沉默、郁闷，他仍然像未失明时那样活跃快乐。他五六岁时也和其他小孩一起去学校上课。

10岁时，在巴黎启明青年学院，普瑞尔开始读大凸字的书。不过，由于字母非常大且凸出纸面，一本小书往往有几寸厚；书虽然十分厚重，内容却不多。也就是从那时候起，普瑞尔有了一个梦想："一定有方法可以让盲人像正常人一样学习，一定有方法让盲人能更方便地阅读。我一定要找出这个方法来，一定要！"

15岁时，他受到陆军上尉巴比业发明的军令暗码的启发，经过无数次的研究和组合，终于将字母以不同的点和位置组合表示出来，盲人只需用手指触摸这些不同点、位的组合，就可以读出字母甚至文章(以下我们将之称为凸点系统)。

然而，当普瑞尔在学院公布这个新方法时，却受到了别人的冷嘲热讽。不过，普瑞尔却没有气馁，他对这个方法充满信心，并且不断改良打凸点的方法，终于在20岁时，他的普瑞尔凸点系统正式完成了。

不过，普瑞尔凸点系统也和他本人一样受到了不公正的待遇，毫不重视的有，极度埋怨的也有。不过，直到普瑞尔去世之前，他都未曾放弃过。不管到哪里，他都努力宣传他的凸点系统，并教导学生使用。

因积劳成疾的普瑞尔在他43岁生日后两天去世，临终时，他说："人心是非常难了解的，但我相信我在地球上的使命已经完成了。"说完不久，便含笑而终。时至今日，这个系统已经为全世界的盲人所使用。

对于普瑞尔来说，命运何其不公！可以说他的人生之旅没有一步是顺利的，但他并没有自怨自艾、自暴自弃，反而创造了一个造福所有盲人的奇迹！

其实，许多不公平的经历是自己无法逃避的，也是无从选择的。因为这个世界本身就不是根据公平的原则创造的，譬如，鸟吃虫子，对虫子来说是不公平的；蜘蛛吃苍蝇，对苍蝇来说是不公平的……世界上不公平的事情实在是太多了。但是如果你为此仇视不公平，背地里唉声叹气，指责抱怨，或许能解一时之气，但不能改变实质，不要奢望自己成为上天的宠儿，假如生活欺骗了你，给了你诸多不公平的待遇，那么请你接受比尔·盖茨的忠告："生活是不公平的，你要去适应它。"

适应生活中充满着不公平这一事实，便能激励你去尽已所能，而不再自我伤感，我们知道让每件事情完美并不是"生活的使命"，而是自己对生活的挑战。而且，承认生活并不总是公平的这一事实，并不意味着我们不必尽己所能去改善生活，去改变这个世界；恰恰相反，它正表明我们应该这样做。

跳出苛求公平的陷阱

按照统计学的原理，现实生活出现不公平和出现公平的几率是一样的。承认不公平这个事实，接受这个事实，才能放平心态，尽己所能谋划自己的人生，实现自己的理想。

首先，少做比较。不要总是拿望远镜或显微镜瞄着别人，要将注意力放在自己身上，不去同别人比来比去。也不要总以别人的境遇作为掂量自己幸福、成功与否的标准，这样做，你就会觉得周围的不平等现象是多么无所谓，更不会因"不公平"而烦恼不堪。

其次，换种思维方式。当我们每次说"世界很不公平，为什么受伤的总是我？"的时候，可以换一下表达方式，比如"我有一些不幸，但这一切终究会过去"，这样可以让你改变对世界的一些看法。

再次，开阔心胸。一个心胸开阔的人，不会计较在每件事上是否都公平，只愿意让自己的内心快活与充实。比如在对待朋友上，感情不是买卖，好多时候不是对等的。不能用一种对等的心态去看待感情，而应该真诚地对待朋友。

最后，努力争取。不公平客观存在，你不能因为没有绝对公平的起跑线和绝对公平的机会，就宣布退出人生的角逐和比赛。有时间的时候，你可以把生活中那些自己认为不公平的事情都写下来。认真想一想，是否可以经过自己的努力，把这些不公平变成公平。

妒忌只能让你的不幸更不幸

世间万物，总是参差不齐地共存于天地间。有相对的高，就必定存在相对的低；有优就必然存在相对的劣。于是，一种无形的比较，一种潜藏的较量在所难免。嫉妒，也就应运而生。

嫉妒，其实就是由于别人胜过自己而引起抵触的消极的情绪体验。也就是，当看到别人比自己强时，心里就酸溜溜的不是滋味，于是就产生一种包含着憎恶与羡慕、愤怒与怨恨、猜嫌与失望、屈辱与虚荣以及伤心与悲痛的复杂情感，这种情感就是嫉妒。而嫉妒之剑一旦出鞘，必定要伤人。一边伤的是茫然的嫉妒者，一边伤的则是无辜的被妒者。

嫉妒者的要求

有这样两家人，他们表面看上去相处得很好，但是其中一家的男主人却是个嫉妒心很重的人。例如，他表面上对另一家新购置的房产欢欣鼓舞，或者为对方的儿子考上大学而击掌庆贺，一到了自己家里，就变得恶狠狠起来：凭什么他这么有钱，凭什么他的儿子就能上大学，而我什么都没有呢？他在心里诅咒，每天都盼望他的邻居倒霉，或盼望邻居家着火，或盼望邻居得什么不治之症，或盼望邻居的儿子出意外……然而，每当他看到邻居时，邻居总是活得好好的，并且微笑着和他打招呼。这时他的心里就更加不痛快了。就这样，他每天折磨自己，身体日渐消瘦，胸中就像堵了一块石头，吃不下也睡不着。

终于有一天，他决定给他的邻居制造点晦气。这天晚上，他在花圈店里买了一个花圈，偷偷地给邻居家送去。当他走到邻居家门口时，听到里面有人在哭，此时邻居正好从屋里走来，看到他送来一个花圈，忙说："这么快就过来了，谢谢！谢谢！"原来邻居的父亲刚刚去世。这人顿觉无趣，"嗯"了两声，便走了出来。这使他觉得很窝火，不但没有达到目的，反而把自己陷进去了，让别人捞了"好处"。终于，他又等来了一个机会。上帝说：现在我可以满足你任何一个愿望，但前提就是你的邻居会得到双份的报酬。那个人高兴不已。但他细心一想：如果我得到一份田产，邻居就会得到两份田产；如果我要一箱金子，那邻居就会得到两箱金子……他想来想去，不知道提出什么要求才好，他实在不甘心被邻居白占便宜。最后，他一咬牙说："哎，你挖去我一个眼珠吧。"

本来是一件非常美好的事情，却因为该死的嫉妒心理，使自己和别人都受到伤害。何必呢？

其实，看见自己很想做的事别人可以轻易完成，会有一种不舒服的感觉，这是人之常情，是可以理解的。甚至从某种程度上来说，它可能给自己带来前所未有的动力。正如波普尔曾经说过："对心胸卑鄙的人来说，他是嫉妒的奴隶；对有学问、有度量的人来说，嫉妒可化为竞争心。"但凡事有度，如果只是一味地嫉妒，仿佛只有看到对手阴沟翻船才是自己人生的一大快事，有时甚至是可以不计任何后果的想让那个让你眼红的人遭殃。那么，就会给自己的生活平添许多烦恼和纷扰。

别人的幸福，你是嫉妒不来的。因此，与其为自己的技不如人而焦虑、悲叹，不如与别人一起分享喜悦，使自己超脱不幸和灾难。其实，大千世界、纷繁复杂，由于天分和境遇的不同，人难免分出个三六九等，或飞黄腾达、意气风发，或穷困潦倒、默默无闻。对于他人的成功，我们可以欣赏，但不可以嫉妒。欣赏，可以让你积蓄大量的精力、时间、智慧去营造应该属于你的空间，这样会充满着向上的动力，既可以取得事业上的成功，又能感受到生活的愉悦。不嫉妒，就是要洒脱和不甘于落后，给予他人真挚的祝福，对自己充满着必胜的信心，这才是一个人最优美的姿态。

让爱帮你除掉嫉妒之心

既然嫉妒如烈火，就要消灭它，否则，嫉妒之火在烧伤别人的同时，也会烧伤你自己。而要除掉嫉妒之心，爱，无疑是最好的方法。

爱，可以产生无限的容纳，容纳可以抵抗嫉妒之心滋生，容纳可以遏止嫉妒之心发展。

爱，可以转移自己的注意点，看到别人的成功，就去想别人为成功所付出的代价；看到别人的优势，就告诫自己，发现自己的才智和毅力，发挥自己的才智，充满百倍的信心，创造出更美的成绩。

爱，可以让自己更有涵养和魅力，把所有的精力都集中在爱心上，时常催促自己要尊重并乐于帮助他人，不仅可以克服自己的嫉妒心，还可以使自己免受嫉妒的伤害。

总之，无论你现在身在何方，无论你有过怎样的嫉妒经历，此时此刻，请消灭嫉妒之心吧。只有卸下嫉妒的重担，背上简单的行囊，带着轻松与自在，才能重新开始自己美妙的人生旅程，赢得多彩的人生。

幸福不是多拥有，而是少计较

作家胡适笔下有这样一个人物：差不多先生。他买错了糖，会说红糖和白糖不是差不多吗？把陕西和山西搞混，他说“陕西”同“山西”不是差不多吗？坐火车误了点，只好明天走了，今天走与明天走差不多。治病错寻了医生，“好在王大夫同汪大夫差不多，让他试试看吧”。便是死前，他也断断续续地说：“死人同活人也差不多……”

就做事而言，或许“差不多”是万万不可的，但从心态上说，我们却不妨来学学“差不多先生”，在非原则的事情上，“差不多”就好。

为牛讨公道的罗吉士

1898年，幽默大师威尔·罗吉士继承了一个牧场。就在那年冬的某一天，牧场里的一头牛，冲破附近一户农家的篱笆去偷吃玉米，结果被农夫杀死了。

而依当地牧场的共同约定，农夫应该通知罗吉士并说明原因，但是农夫没这样做，这让罗吉士非常生气，于是他决定带着佣人一起去找农夫论理。

一路上，他们顶着狂风严寒，人与马几乎都要冻僵了，才好不容易抵达木屋。可是，农夫却不在家，他的妻子——一个十分消瘦憔悴的妇人——热情地将他们迎进门。罗吉士进屋后才发现，桌椅后还躲着五个瘦得像猴子的孩子。

不久，农夫回来了，妻子告诉他：“他们可是顶着狂风严寒而来的。”完全不知道罗吉士来意的农夫，开心地向罗吉士伸出了手，而本想与农夫论理的罗吉士却也没有开口，而是热情地与他握手、拥抱。

农夫邀请罗吉士和佣人共进晚餐，他满脸歉意地说：“不好意思，委屈你们吃这些豆子，原本有牛肉可以吃的，但是忽然刮起了风，还没准备好。”而孩子们听见有牛肉可吃，高兴得眼睛都发亮了。

吃饭时，佣人一直等着罗吉士开口谈杀牛的事，但是，罗吉士看起来似乎忘记了，只见他与这家人开心地有说有笑。而且，即使两人因为天气的原因在此住了一晚上，罗吉士也没有提起这件事。

回家的路上，佣人十分不解，在寒流中走了这么一趟，对此行的目的却闭口不提，他忍不住问罗吉士：“我以为，你准备去为那头牛讨个公道呢！”

罗吉士微笑着说：“是啊，我本来是抱着这个念头的，但是，后来我又盘算了一下，决定不再追究了。你知道吗？我并没有白白失去一头牛啊！因为，我得到了一点人情味。毕竟，牛在任何时候都可以获得，然而人情味，却并不是很容易得到。”

确实，用一头牛换得农夫一家人的笑容和幸福以及难得遇见的人情味，还是很划算的。当我们为了一分一毫而毫不相让时，如果也能够算上这么一笔账，就一定不会再斤斤计较了。

然而，现实生活中，爱计较的人不在少数。你给他 10 两银子，他会想象你肯定得了 10 两金子；单位发工资，他会把工资表翻个底朝天，生怕谁多拿了半分钱；领导们开个日常的工作会，他会费尽心机打听，看谁又要被提拔了；同事们聚会若少了他，他会猜想肯定避开他在搞什么鬼名堂……这样做无异于自己拿着鞭子把自己赶进了监狱或坟墓。

事实上，在每个人的生活中，矛盾、争议和误解几乎都是无所不在的，亲人之间、朋友之间、同事之间，甚至陌生人之间都需要心平气和的宽容。时刻怀着“差不多”的心态去看待或解决这些伤神、无奈而又弃之不得的事，我们就会获得快乐。正如这样一首小诗：我健康的赤足是一面清脆的小鼓，在这个春天敲打着大地的胸脯，没有华丽的鞋子又有什么关系啊，谁说此刻的我不够幸福……

难得糊涂

也许会有人看不起这种“傻瓜”哲学，但“傻瓜”的天性里所含有的一种自然的忍让、宽容和视而不见，却是精明人很难得到的幸福。因为人若事事算计，处处精明，必被麻烦困扰。而糊涂却像一把保护伞，将智慧藏于心，便会免于忧愁和烦恼的困扰。我们甚至可以说，人生难得糊涂，贵在糊涂，乐在糊涂，成在糊涂。

然而，要想做到“难得糊涂”却并非易事，这里的糊涂，并非真糊涂，其背后隐含的是真正的大智慧、大聪明。那么，怎样才能做到真正的“难得糊涂”呢？

一是要忌贪。人的需求其实是很低的，人的欲望却是无限膨胀的。要满足自己衣食无忧的需求，而抑制金钱、权力、美色的无限膨胀欲望。

二是要宽容。宽容不仅包含理解和原谅，也显示气度和胸怀。不苛求别人，不斤斤计较，不攀比嫉妒。这是一种“人到无求品自高”的精神境界。

三是要放小。大事抓，小事放。原则上的大事不可不抓，但非原则的小事不妨睁一只眼闭一只眼，糊涂一点，过去也就罢了。

一位糊涂学大师说得好：“世间多少失意人，幡然醒悟须谨记：错错错，错在斤斤计较；莫莫莫，莫再耿耿于怀。”正是难得糊涂的警醒，才能使人们在当今的纷争世界里，闲看庭前花飞落，漫随天外云卷舒，才能宠辱不惊，去留无意，于利不趋，于色不近，于失不馁，于得不骄，以豁达之情笑看风云变幻，潮起潮落。

09

天堂还是地狱，只在你一念之间

你对待生活的心态，决定了你活着的状态。也许你生活困窘，也许你路遇坎坷，但这并不意味着你的生活就很糟糕。因为真正的喜悦，并不是靠别人的赞誉来支撑，而在于你的内心容纳了多少高贵而美妙的思想。

过好今天，便是过好了今生

几乎所有人都曾有这种愿望：有生之年，顺顺利利地度过每一天。可现实却是残酷无情的，我们常常在追悔与憧憬中惴惴不安地生活。面对生活的无常、未来的不可预测，真正的平淡如水，如何做到？

活在当下，便是最好的解答。你活在当下，就没有过去拖在你后面，也没有未来拉着你往前，你全部的能量都集中在这一时刻，生命因此具有一种巨大的张力，使你全身心投入，丰富和满足自己人生的生活方式，美好便与你不期而遇了。

鲍弟拉姆与穷母女

在一个村庄里，住着一个名叫鲍弟拉姆的财主。他家土地很多，父辈也留下了很多财产。可是人们都叫他吝啬鬼，因为他遇到要紧的事，哪怕叫他花一点小钱，他也十分不高兴。他日思夜想的是：怎样才能发大财，好让他曾孙的曾孙也能舒舒服服地享受。

一天，村里来了一位修道的圣人。没过几天，附近的村子都传开了：这位圣人能够满足每个人的任何愿望。

财主一听说这消息，心里乐开了花。他认为他一生中最大的愿望很快就要实现了。他立即来到圣人面前，把自己的愿望告诉圣人。圣人慈祥地让他在自己身旁坐下，问了问他家中的情况。圣人听他讲完，心中就明白了。他觉得应该对这个财主进行教育，这样才会使他明白做人的真正意义。

圣人微笑着说："鲍弟拉姆先生，你的愿望一定能够实现，不过有一个条件。"

财主先是吓了一跳，马上想到：这位圣人莫非是想叫我施舍财物？他于是壮了壮胆说："什么条件？请说吧，先生，我一定照办。"

圣人见财主这么说，就对他讲："你家旁边住着一户穷人家，家中只有母女两人，明天你给她们送一点粮食。"

不就几颗粮食嘛，这对财主鲍弟拉姆来说，不算一件什么难事。他欢天喜地地回家去了。

第二天一早，他沐浴更衣，然后拿着粮食来到那户穷人的家里。穷母女俩正在一边唱着小曲一边干活，谁也没有注意他进来。鲍弟拉姆说："请收下这点粮食吧，这样你们今天就有吃的了。"

母亲说："兄弟，今天我们有粮食吃，我们不要，请你拿回去吧。"

"哎，过了今天还有明天，留着明天吃吧。"

"明天的事我们不担心。兄弟，天无绝人之路，老天爷不会让我们饿死的！"说完又埋头忙自己的活了。

听了这位母亲的话，鲍弟拉姆先是十分惊愕，接着他似乎从中明白了一点什么道理。他想：这户穷苦人家是多么快乐，她们不为明天担忧；可是我呢，整天为自己曾孙的曾孙忧虑！

鲍弟拉姆没有回家，他从穷人家直接来到圣人住的地方。他向圣人行了礼，说："感谢您，大圣人！是您给了我快乐的钥匙。说真的，在这个世界上，总为明天担忧的人，是永远不会找到快乐的。"

快乐不在未来，也不在过去，就在现在。当你明白了这个道理，你就离快乐越来越近了。

其实，抓住现在，活在当下，这个道理是浅显而又通俗的。人的一生就好比是爬山的过程，一路上走走停停，看看两边的风景，山峦起伏，心情也变得愉悦恬静。若在爬山的过程中安心享受这种幸福，便收获颇丰。如果总是仰望着山顶，以为幸福在山之巅，心无旁骛、气喘吁吁地爬到山顶，回头又发现幸福其实留在了曲折蜿蜒的山路上……来回往复，那么，你就永远也别想得到幸福了。

过去、现在、未来，三者之中，过去已经过去，未来还未到来，只有现在是你自己可以把握的，只有现在属于此刻的你。当你不再为昨天发生的事情懊悔不已，也不会担心、惦念明天将要面临的是是非非，而是把自己的精力集中在今天要做的事情上时，你才最接近幸福。

不怕不悔，让自己活在当下

现实生活中，大多数的人都是身体活在当下，而心却活在过去或未来。当然，难以忘记过去，对未来充满忧虑，这也是人之常情。但你必须要知道，如果你不活在当下，就会失去当下。那么，如何才能让自己的身心都活在当下呢？

第一，学会遗忘。法国作家安德鲁·摩洛曾经说过："不去遗忘，就不会有幸福。"不论你惦念的是快乐的往事，还是痛苦的经历，只要长期生活在过去的记忆里，就会与现实脱节，你就不可能开开心心、快快乐乐地生活。但是怎样才能做到遗忘呢？答案只有两个字：放下。扭转念头去专心工作，或者去运动、旅行，让脑海里一片清静，这样才能获得心灵上的重生，才能更加坚强、勇敢地面对现实，迎接未来。

第二，看清反差。不能看清反差有可能让你成为一个狂傲者，也有可能让你成为一个自卑者。只有做反差的调节者，才能获得阳光心态。有反差就有落差，有落差就有差距。能找准差距才能找到自己的位置与航标，才能更好调整自己，既不高傲，也不轻视，既不攀比，也不低下。

第三，珍惜时间。正如朱自清在《匆匆》里所描述的："洗手的时候，日子从水盆里过去；吃饭的时候，日子从饭碗里过去；默默时，便从凝然的双眼前过去。"稍不注意，今天即成昨天，变得无法再找回。唯有珍惜时间，才能把握今天。

第四，爱你所有。不要再懊恼自己已经失去的，更不要想入非非地去追求一些自己虚构的理想情节。要相信，眼前的风景才是最美丽的，自己拥有的才是最好的。对于爱你的人，父母、爱人、兄弟姐妹、亲朋好友及所有相识的人，你"当下"就应当好好珍惜，要时刻抱着一颗感恩的心来看待世间的人和事，多一份爱心，多一点宽容，多一些理解，不要把可以去做但没有去做的事遗憾在心头。

昨天就如同一张过期的船票，无论多么辉煌，多么糟糕，"下船"之后都成往事；而明天是个未知数，等待你的也许是鲜花掌声，也许是电闪雷鸣，但你的思虑皆成泡影。过好了今天，就等于过好了今生。

生活做减法，幸福做加法

人们总是认为，一个人拥有的物质性东西越多，内心便越感到快乐。但实际上，事情往往并非如人们的想象一样，外在的拥有与内在的快乐并不一定会成正比，甚至很多时候，外在的拥有不但不能为人们内在的快乐增加砝码，反而还会成为心灵的负担。遗憾的是，人们往往是直到与世长辞那一刻才明白：自己辛苦一生，不过是徒劳一场。与其那时才后悔当初没有做做人生减法，不如现在开始就依次递减，逐层精简，减去生命中的负担。

用好人生的减法

1983年，美国石油大亨默尔因心肌衰竭住进了汤普森急救中心。随即，默尔公司的“指挥中心”也搬进了汤普森急救中心——他包下了急救中心的一层楼，增设了5部电话和两部传真机。5个月后默尔出院了，但就是这样一位连病危时还在为自己心爱的公司奋斗的老总，却毅然卖掉了公司，跑到他10年前在苏格兰乡下买的别墅去颐养天年。对默尔的举动，人们百思不得其解。后来，他在传记中解释了原因：“富裕和肥胖没什么两样，也不过是获得超过自己需要的东西罢了。”

同样，40岁时继承了拥有30多亿美元资产的莱斯勒石油公司的吉姆·特纳，在所有人都以为他会大干一番，好好为公司做加法时，他却做起了减法。他组建起一个评估团，对公司资产做了全面盘点，然后以50年作基数，在资财总和中先减去自己和全家所需、社会应承担的费用，再减去应付的银行利息、公司钢性支出、生产投资等等，一切评估做完后，他发现还剩8000万美元。他把这笔钱用到了他认为有价值的地方，先拿出3000万为家乡建起一所大学，余下5000万则全部捐给了美国社会福利基金会。人们对他的行为表示不理解，他却说：“这笔钱对我已没有实质意义，减去它就是减去了我生命中的负担。”直到85岁悄然谢世，吉姆·特纳一直奉行着这一生存法则，最后，他还在自己的墓碑上留下这样一行字：“今生令我最欣慰的，就是做好了人生的减法。”

只有能够勇于退去繁华之人，才能拥有最真、最纯的自我，才能享受到轻松、幸福的人生，就像默尔，就像吉姆·特纳。

当然，我们有权利追求一切本应属于自己的外在物质，也可以凭借自己的努力去获得更多的物质财富。但是，不要忘了，外在的物质总是无限的，而我们所能拥有的却是十分有限的，因为生活所能给予每个人的都是有一定限度的。很多时候，即使我们通过努力终于拥有了大量的物质，也不见得我们就能享受到其中的快乐与幸福。如果你至今仍在苦苦追求，却始终没有得到预期当中的豪宅和大量财富，如果你总是希望得到多一些、再多一些，却总是所得有限，那么，就必须学会运用减法来经营人生了。

不要以为这是一种“吃不着葡萄就说葡萄酸”的嫉妒心理，也不要以为这是一种“阿Q”式的自我安慰法，这其实是许多人以其真切的人生经历所体会到的心得。事实上，也只有在真正深入地经历了人生百态后才能体会到如此深刻的人生真理。人生就是如此：当你在某一方面拥有太多的时候，在另一方面可能就要付出相应的代价；当你在某一方面进行放弃的时候，往往意味着在另一方面你将获得更多。去除那些对于我们来说冗繁、多余的外在物质，将这些外在物质给予那些更需要的人，这对于我们来说不是失去，而是更大的收获，因为我们的内心将会因为外在冗繁的剔除而实现真正的丰盛。即使这些外在的东西曾经花费了我们大量的努力，即使一时之间会感到些许的心疼，只要它们影响了我们内心的快乐与幸福，那么就必须予以剔除。

减去你生命中的负担

人生的减法哲学，就是减去疲惫、减轻烦恼、减去心灵上的沉重负担。

从追求上来说，要明确目标。在人心浮躁的当下，每个人想得到的都太多，比如金钱、地位、房子、车子、尊重……在这些目标和欲望面前，人会发现自己越来越力不从心。建议你静下来，看看自己到底想要什么？到底能做什么？然后舍弃你无法做到的，明确你能做到的，这样，你就会发现你的生活目标异常清晰。此所谓“少就是多”。

从交际上来说，要简化关系。每个人的忙和累，很大程度上来自复杂的人际关系。不信你看，谁的手机里没存着几百个电话，谁的QQ、微信上没有几十个好友？这些关系在丰富着你的工作、生活的同时，也消耗着你的时间、快乐和健康。建议你精减电话簿和朋友圈，最大限度地减少闲聊。把你的N个邮箱合并成一个，每天抽一个时间集中查收邮件，而不是每隔十几分钟刷新一遍邮箱。

从做事上来说，要专注工作。要想让工作更有效、更轻松，就要学会控制诱惑，工作时间把与工作无关的事情舍弃掉，比如网络游戏、娱乐新闻、股市大盘，然后确定重要的工作任务。比如，你可以每天列出当日的工作项，把“不紧急、不重要的事项”划掉，只留下最重要的几件，全力把它们做好。

总而言之，人生的减法哲学，就是减少了一次奢靡淫逸，就增加了一份灵魂的纯净与人生的宁静；减少了一次诽谤嫉妒，就增加了一份人情的温暖与道德的高度；减少了一次应酬周旋，就增加了一份家人的亲情与生活的从容；减少了一次谄媚邀宠，就增加了一份人格的尊严与心灵的轻松。做好你人生的减法吧，也许减法过后会得到用加法得不到的幸福。

以一颗平常心悦纳人生百态

每个人在人生的追求中，都希望自己活得安祥、自在，然而，这样的生活不会从天而降，它需要我们用一颗平常心去默默寻找。平常心能消除人的浮燥与不安，能让人把事看得开、看得淡，从而给自己的心灵带来更多滋养，能让人从繁杂纷乱的世界中解脱出来，过充满快乐的、安宁的生活。

两块钱的奔驰车

罗森只是菜市场的一个小菜贩，收入不高却很乐观。

罗森很喜欢奔驰汽车，与朋友们在一起的时候，他总是说："要是我有一辆奔驰车该多好啊！"但是凭他的收入想买一辆奔驰的话简直是不可能的事，因此，他也只是将这作为自己的一个梦想。

一次，和他一起买菜的一个朋友逗他说："你去买彩票吧，中了奖就有车了！"

罗森抱着玩玩的心态买了一张两块钱的彩票。可能是上天优待于他，罗森果真中了个大奖，而且资金足够他买一辆奔驰车了！

罗森终于如愿以偿啦。他整天开着车兜风，也很少去市场了，人们经常看见他吹着口哨在林阴道上行驶，车也总是擦得一尘不染的。

然而有一天，罗森把车泊在一个商店门口时忘了锁，出来后才发现车被盗了。

朋友们得知了这个消息，想到他那么爱车如命，都担心他受不了这个打击，便相约来安慰他："罗森，车丢了，你千万不要太悲伤啊！"

罗森大笑起来，说道："嘿，我为什么要悲伤啊？"朋友们疑惑地互相望着。

"如果你们谁不小心丢了两块钱，会悲伤吗？"罗森接着说。

"当然不会！"有人说。

"是啊，我丢的就是两块钱啊！"罗森笑道。

如果对待凡事都能抱着一种"得之我幸，不得我命"的洒脱胸怀，还有什么愁苦不能消除，还有什么烦恼不能化解呢？如果我们也能像罗森一样洒脱，就会活得轻松，幸福也必将常伴左右。

然而，现实生活中，真正能以一颗平常心悦纳人生百态者寥寥无几。人们大多因为毫无节制的狂热而骚动不安，因为不加控制欲望而浮沉波动。只有明智之人，才能够控制和引导自己的思想与行为，才能够控制心灵需经历的风风雨雨。

其实，世间万物的发展本就是自然、平等、平常的，人也一样，凡事没有必要去怨天尤人，做到随时、随性、随遇、随缘、随喜就行了。事随境迁，心随欲安，时刻保持一颗平常心。得而不喜，失而不忧。不为感情所左右，不为名利所牵引。做好每天要做的事情，享受生活，享受做好每一件事情所带来的快乐，就会有足够的力量承担到来的挫折和痛苦。或许，人生也正因为有了这些"涟漪"才会变得更加美丽。

一颗平常心

"平常心"虽是简单的三个字，但在生活中，却是人人都难超越的一道坎，因为我们并不懂得何为真正的平常心，也不懂得怎样来拥有一颗平常心，更不懂得怎样来运用平常心。

那么何为真正的平常心？一个最好的解释就是：假如有一块长 20 米、宽 30 厘米的木板摆在地上，你当然能很轻松地从上面走过；但是如果同样的木板架在悬崖上，下面是万丈深渊、凌空巨石，如果你也能从这块木板上走过去，就如同在平地上一样安稳、一样从容，这个时候便可以说你做到了“平常心”。

那么怎样拥有平常心呢？有一个很好的方法，那就是让心灵留下一片空白，将忧虑、憎恶、不安、罪恶彻底消除，然后，在心灵呈现空白的同时，立即注入积极、健康的想法。这样，那些负面的想法将无法对你造成影响。久而久之，那些注入脑中的新想法将在你的思想中生根，而且能击退任何负面的想法，届时你的心灵将波澜不惊，你将会永怀平常心。

那么，怎样运用平常心？在生活中常怀一颗平常心，实质上也就是把外在的世界和内心保持在一个平衡点。不仅是对待周围的环境要做到“不以物喜，不以己悲”，更要做到对周围的人事做到“宠辱不惊，去留无意”。有了这种平衡，人，会少些焦虑，少些浮躁；多一份安适，多一份静谧，心似一泓碧水，清澈明亮，继而胸襟为之开阔。

“平常心”看似极简单的三个字，背后所蕴含的道理，也许我们需要用尽一生的时间才可能真正地领悟。有了平常心，也就拥有了人格魅力，也就能“任云卷云舒去留无意”。保持一颗平常心，它可以让你体会到这变化多端的每个季节所特有的美丽，感受到幸福。

不必仰望高处，你自身在福中

如果需要给生命一个意义，那这个意义或许就是寻找幸福。可以说，世界上没有哪个人不在追求幸福。但并非所有的人都得到了幸福，甚至有些人一生与幸福无缘。拥有幸福真的这么难吗？

其实不然。很多时候，幸福就像一条尾巴，就在我们不断向前奔走，四处寻觅的时候，它其实一直跟在我们身后。身在福中不知福，才是你与幸福无缘的根本原因。

小马驹的“新家”

老马失去了老伴，身边只有惟一的儿子。老马十分疼爱它，把它带到一片草地上去抚养，那里有流水，有花卉，还有诱人的绿荫。总之，那里具有幸福生活所需的一切。

但小马驹根本不把这种幸福的生活放在眼里，每天滥啃三叶草，在鲜花遍地的原野上浪费时光，毫无目的地东奔西跑，无所事事地沐浴洗澡，没感到疲劳就睡大觉。日复一日，这匹又懒又胖的小马驹对这样的生活逐渐厌烦了，对这片美丽的草地也产生了反感。它找到父亲：“近来我的身体不舒服，这片草地不卫生，伤害了我；这些三叶草没有香味；这里的水中带泥沙；我们在这里呼吸的空气刺激了我的肺。一句话，除非我们离开这儿，不然我就要死了。”“我亲爱的儿子，既然这攸关你的生命，”老马答道，“那我们就马上离开这儿。”

于是，父子俩立刻出发去寻找一个新的家。一路上，小马驹高兴得嘶叫奔跑，而老马却不那么快乐，只是安详地走着，在前面领路。它让它的孩子爬上徒峭而荒芜的高山，那山上没有牧草，就连可以充饥的东西也没有一点。第一天，它们就这样空着肚子睡觉了。第二天，也只吃到一些长不高而且带刺的灌木丛，但它们心里已十分满意。又过了两天，又累又饿的小马驹几乎迈了前腿就拖不动后退了。

老马心想，现在给它的教训已经足够了，就趁黑把儿子偷偷带回原来的草地。小马驹一发现嫩草，就急忙去吃。“啊！这是多么绝妙的美味啊！多么好的绿草呀！”小马驹高兴地跳了起来，“哪儿来的这么甜这么嫩的东西？父亲，我们不要在往前去找了，也别回老家去了，让我们永远在这个可爱的地方吧，我们就在这里安家吧，哪个地方能跟这里相比呀！”老马笑着点点头。

天亮了，小马驹终于认出了这个地方——原来就是几天前它离开的那片草地。它垂下了眼睛，惭愧不已。老马温和地对它说：“亲爱的孩子，我希望你今后记住这句格言：幸福其实就在你的眼前。”

很多时候，我们就像这匹小马驹一样，总是认为到远方才能找到自己想要的东西，就像一个老太太急着找她所遗失的眼镜，直到最后才发现它端正地架在自己的鼻梁上。世间最大的错误，就是人们对自己已经拥有的东西视而不见，却到处寻找不属于自己的东西。

其实，在生活中，每个人都可能有环境不好、遭遇坎坷、工作辛苦的时候，说得严重一点，几乎可以说，在我们每个人降生到这个世界以前，就被注定了要背负起经历各种困难折磨的命运。但这并不是说，我们因此就该认定人间没有乐趣，或生命没有价值。我们虽然被注定了要有七情六欲来品尝人间各种各样的离合悲欢，但另一方面，我们也有机会欣赏这鸟语花香的世界，我们也有智慧体味人间苦乐的真谛，我们也有心情领略人间的爱心、善良和同情。只有珍惜现在的幸福，你才会生活得更幸福。

身在福中要知福

事实上，这个世界上，从来就没有绝对的痛苦者，也没有绝对的幸福者，“比上不足，比下有余”，每个人都是这样的境况。幸福快乐，全在于自己怎样去想。只有积极而自信的人，才能享受到多彩生活，羡慕别人没有错，但不要轻视自己、迷失自我，身在福中就应知福。

第一，常怀感恩之心。一位怀有感恩之心的心理学家就曾告诉人们一个让心灵充满幸福感的秘密，那就是当你每天醒来时，应该这样想：“我真是个幸运的家伙！今天又能安然地起床，而且还有崭新的完美一天。我应该好好珍惜，去扩展自己的内心，将自己对生活的热情传予他人。我要常怀善心，要积极地帮助别人，让生命里的每一天都有阳光的播撒！”

第二，学会适可而止。知足是快乐之本。快乐来自适可而止，过多的追求是不快乐的根源。曾经看过这样一则快乐方程式：快乐＝物质消费 ÷ 欲望。物质消费越大，越容易获得快乐；反之，欲望越小，快乐也就越大。一个人想入非非、得陇望蜀，嫉妒、憎恨与恶念就会经常缠绕心田。所以，英国作家毛姆说：“知足则贫贱亦乐，不知足则富贵亦忧。”

第三，活在此时此刻。现在我们所拥有的一切对于我们来说，都是惟一的，人生当中有很多东西一旦错过或者浪费掉了，就永远的错过了，所以远离没完没了的抱怨吧，不要再仰望那些高处的幸福了，努力工作、热爱生活、珍惜今天、活在当下，这样才能带着美好的希望走进明天，并且创造出一片属于自己的崭新天地。

难以无欲无求，却可穷途一笑

关于幸福感，经济学上有这样一个简单而有趣的公式：

幸福感=效用 ÷ 期望

那么，要想提高幸福感的指数，无非两种途径：要么增大分子（效用），要么减小分母（期望）。就效用而言，它是指人们有欲望而得到了满足。效用因人而异，不同的人在同一数量同等商品上，所取得的效用是不同的。但一般情况下，每个人的效用可以看做是既定的。那么，降低期望值，就是一个增加幸福感最行之有效的方法。

快乐的鱼市场

在一般人的想象中，鱼市场永远充满着刺鼻的腥味，到处是神情沮丧、满脸晦色的鱼贩。顾客们来买鱼时，总是一边用手驱赶着到处乱飞的苍蝇，一边饱尝着鱼贩们冷漠的叫卖声。

生活中的很多鱼市场也的确如此。但在某市却有这样的一个鱼市场：那里虽然鱼腥味刺鼻，但到处是鱼贩们欢快的笑声。他们像配合默契的棒球队员，让冰冻的鱼像棒球一样，在空中飞来飞去，大家互相唱和："啊，3 条带鱼飞到佛罗里达去了！""5 只螃蟹飞到了华盛顿！"他们快乐的笑声，往往能感染顾客。

事实上，几年前这个鱼市场也是一个没有生气的地方，大家整天抱怨。后来，大家认为，与其每天抱怨沉重的工作，不如改变工作的质量。于是，他们不再抱怨生活本身，而是把卖鱼当成一种乐趣。后来，一个创意接着一个创意，一串笑声接着另一串笑声，他们创造了鱼市场中的奇迹。甚至有人专程跑到这里来询问："一整天在这个充满鱼腥味的地方做苦工，你们为什么还这么快乐？"

鱼贩们已经习惯了给这些不顺心的人解疑释惑："实际上，并不是生活亏待了我们。很多人之所以不快乐，是因为他们期望值太高，以至于忽略了生活本身。"

正如鱼贩们所说，的确，很多时候，我们之所以不快乐，并不是我们没有得到什么，而是我们期望得到的太多，以至于幸福渐渐成了奢侈品。工作不好工资不高、和同事上司关系不好，自己没有闭月羞花的容貌，没投胎在好人家老爸没钱没权，老公家里没钱、生个孩子没人家孩子聪明漂亮、处理不好婆媳关系等等，我们总会找出种种借口，来解释自己不幸福，是因为生活亏待了我们。

但仔细想想，我们之所以对生活感到失望，几乎都是因为对经历过的事情抱有太高的期望。我们把生活想象得应该是以某种特定的方式呈现，但凡和事先预想的不一样，就会感到沮丧万分。其实，期望本身是好的，但如果你"尽可能大胆地展开美好憧憬"的话，那么，那些期望就会变成一个个高高的门槛，把你阻隔在了幸福的门外。所以，我们需要重新恢复或重置自我内心的评价体系。看看自己需要什么，能得到什么，多久可以得到，能以什么样的方式得到，一定会比盲目的、天马行空的追求让你更幸福些。

降低你的期望值

很多时候，"期望值"代表了你的理想，也是一种目标，有"期望值"正是人们积极向上的表现，也会对人们的追求和进取产生动力，但"期望值"必须合适，合适的"期望值"在人生成长中能产生积极的影响。现实是复杂的，不断变化着的，“期望值”也只是个变数。善于适时适情调整“期望值”也是一种“识时务”，是明智的表现。

以工作为例，我们可以这样做：

首先，自己的目标应与组织目标对齐。正如克林顿在总统就职演说中要求人们，不要“只考虑这对‘我’有什么用处，而是这对‘我们’有什么用处”，即你除了为自身的前途考虑外，也要为整个企业的未来负起责任。这似乎也是在日益复杂、多变的环境中为企业效率所做的最好安排，它需要每个参与的人与企业的目标对齐，同心协力互助合作。

其次，理清你的任务是什么。很多人对自己、他人甚至整个团队应该扮演什么角色根本不清楚。事实上，任务能提供一项行为的整体原因，帮助组织面对挑战，帮助人们做决策、定策略、朝正确方向前进。因此，你不妨给自己制定一份个人的任务宣言书，理清你的任务是什么，这样你就能明确你的工作目标，从而引导你向团队的整体目标迈进。

再次，改变自己对现实的态度。事实上，调整你对工作的期望值并非是要你降低工作的标准和质量，放弃积极进取的心态和应担负的责任。你依然要恪尽职责，做好准备，准备承受那可能会到来的错误、失败等。只要你将每次的失意当成考验和磨炼自己心情的机会，把它作为超越自我的一次机遇，那么，你就会不再那么激愤，甚至还可能感谢失意。

当然，不仅仅是工作上，生活中各个方面都需要你适时适情调整期望值，并将其作为自己幸福行为的参考坐标，既要为自己的学习、工作、生活提供内在的标准和动力，又要以强大的自我信念为支撑，为自己的学习和工作增添乐趣，让学习和工作变成“快乐而甜蜜的事业”；同时要尽力把自己的热情、快乐与自身所具备的优势紧密地结合起来，使优势与快乐携手，就能陪伴自己走向幸福和成功。

那么，降低期望值吧，就从此刻起。期望降低一分，幸福就会多一分。丢弃过高的要求，走近自己的内心，认真的体验生活、享受生活，我们就会发现，生活原本就是美好而富有乐趣的。

10

羡慕别人，不如成为别人羡慕的人

每个人都在羡慕别人，却不知道在被人羡慕的过程中每个人都经历过艰辛和不断的坚持。与其在别人的辉煌里仰望，不如自己努力，成为别人羡慕的人。

认识自己才能改变自己

如果你对自己现在的状况不满意，希望自己的命运好转，你要改变自己，那就要先认识自己——既不要高估自己，也不要低估自己。根据自身的条件和实际的可能性，找到自己的长处，及时调整自己的方向，让自己的长处得以发挥，就会发现自己并不比别人笨，你有不及别人的地方，而别人也有不及你的地方。胜利的信念便会由此产生并不断得到增强，你就能够改变自己的命运。

懊恼的山羊

一天清晨，一只山羊来到一个菜园旁边，它想吃里面的白菜，可是一道栅栏把它挡在了外面，它进不去。

这时，太阳慢慢从地平线上升起来了，在不经意中，山羊看见了自己的影子，它的影子拖得很长很长。它以为自己很高大，于是自言自语地说："我如此高大，定能吃到树上的果子，吃不吃这白菜又有什么关系呢？"

在距离菜园子不远的地方，还有一大片果园。园子里的树上结满了五颜六色的果子。于是山羊便朝着果园的方向奔去。到达果园时，已是正午，太阳当头。这时，山羊的影子变成了很小的一团。"唉，原来我是这么矮小，看来是吃不到树上的果子了，还是回去吃白菜好！"

于是，它又匆匆忙忙转身往回跑。等跑到菜园子的栅栏外时，太阳已经偏西，它的影子又变得很长很长。

“我为什么非要回来呢？”山羊很懊恼，心想，“凭我这么大的个子，吃树上的果子是一点儿问题也没有的。”

山羊懊恼的主要原因就在于它对自己没有一个正确的认识，当它看到自己被阳光拉长的身影时就认为自己十分高大，无所不能，然而，当正午的阳光照在它身上时，它又忍不住因为自己缩小了的身影而妄自菲薄。

而这又何尝不是我们的懊恼？认识自己，说起来容易，实际上却是一件非常难做到的事。“不识庐山真面目，只缘身在此山中。”说的就是这个道理。我们往往对自己的才能、学识、成绩、贡献以及自己在别人心目中的地位等等，要么估计得过高，要么估计得过低。如果把自己估计过高，就会脱离现实，守着幻想度日，怨天尤人。结果小事不去做，大事做不来，一事无成。如果把自己估计过低，又会产生强烈的自卑感，导致自暴自弃。不能够认识自己，本来能很好完成的事，也不敢去试，最后只会抱怨终生。只有正确认识自己，才能使自己的思想和情感有了往高尚和纯粹境界提升的可能。

要想正确认识自己，就需要保持自我头脑的清醒，通过交往征求别人意见，依靠朋友，向他们了解对自己的看法，从中总结自己。把自己放在比较熟悉的人中间做比较，认识自己的实际水平及在群体中的地位，找到差距和努力方向。

拓展你的自我认定

我们之所以要正确认识自己，更是希望借由认识自己来达到改变自己的目的。人每时每刻都在成长，人的自我认定也是可以改变的，而人生也会随着自我认定的改变而改变。如果你不满意自己目前的状况，就需要按下面几个步骤重新改造：

第一步，找到你心目中的人生榜样，为自己树立人生目标。你如果想真正拓展自己的自我认定和人生，那么由此刻开始你就得下定决心想要成为什么样的人。你应回到孩提时代的心态，对未来满怀热望地列出成功人生所必须具备的各种特质，并找到现实生活中的榜样。

第二步，列出你的行动方案，以便能够同这个新的人生角色相吻合。设想自己已经融入了新的自我认定之中，并真正在人群中树立自己的全新形象。

第三步，你要每天提醒自己，不要让心中的目标淡化或者消失掉。这最后一步便是让你周围的人都知道你的这一新的自我认定，你要特别留意结交什么样的朋友，你的成功与你结交的朋友有很大的关系，要让你的新朋友强化而不是削弱你的自我认定。当然，更为重要的是要使你自己知道。你自己每天都要以这个新的自我认定来提醒、告诫、把握好自己。

从现在开始，做自己想做的人吧！而且，还要坚信你一定能成为那样的人。过去你是什么样的人已无关紧要，重要的是现在你想成为什么样的人。每一个人内心所真正需要的正是自己心目中的崇高目标，在本质上都可以从丰富的生活或积极的创造过程中体验到。当你体验到幸福、自信、成功时，你就是在享受丰富的生活。

每天比别人多努力一点点

很多时候，我们并不是被别人打败了，而是我们自己忘记了每天比别人多努力一点点。如果一个人能够每天比别人多做一点点，日积月累，他就会比别人取得更大的成就。看看那些成功的精英们，他们往往就是靠每天比别人多做一点点而取得成功的。

赌徒与富翁

以前有一个赌徒，他沉迷赌钱，把家产输得一干二净，最后老婆带着孩子离他而去。

有一位无聊的富翁和他打赌，要求他呆在一间小房子里，不准跨出房间半步，否则就输了。但是，赌徒可以提出任何要求，只要不跨出房间半步，什么都可以满足，生病了，也可以叫医生进房给他医治。赌期为 10 年。如果赢了，将获得 50 万元，如果输了将成为富翁的奴隶。

这些条件虽然很苛刻，但一想到 50 万元诱人的赌金，赌徒心一横，就同意了。

起初，他成天除了睡，就是呆在房中唱歌、数墙上的砖头、走来走去，无聊至极。这期间，富翁来看了赌徒几次，见此情况，不禁心中暗喜，认为自己必胜无疑。

有一天，赌徒请富翁给他找几本书来看以消磨时光，刚开始，赌徒只是毫无目的地看着各种通俗娱乐类的书籍。

后来，赌徒要的书越来越多，而且也更系统化了。赌徒还要了笔和纸，边看书边做笔记、边写心得。时间过得很快，赌徒果然遵守承诺，在房中安心地呆着。但是，富翁的境况却每况愈下。由于周转不灵，富翁的生意不断亏损，家产不断变卖。到了最后，富翁已经穷得家徒四壁。

想到合同马上就到期，富翁不禁慌了手脚。就在合同到期的前一天晚上，富翁手持利刃，来到赌徒的房中，准备把赌徒杀了。

当他打开房门时，只见满屋子都是书。赌徒听到有人进来，看到富翁寒酸的穿着，就从书堆中站起来，很友好地朝富翁微笑说："你的情况我早已经知道了。说实话，我非常感谢你，感谢你给了我10年的学习时间，使我学到了不少东西，更明白了许多道理，还发觉自己以前的行为是多么的荒唐和无知。50万元赌金我也不要了。现在在我眼里，区区50万元怎么能和我满脑的知识相提并论？"

说罢，赌徒就气宇轩昂地走出房间，留下富翁独自在房中发愣。

赌徒利用10年的时间，每天进步一点点，终于实现了从一个赌徒到一位满腹经纶的知识分子的飞跃。

世界上从来就不存在不劳而获或一劳永逸的事情，正所谓，"世上没有免费的午餐"。只有人们善待劳动，善待学习，并且努力做好点点滴滴的小事，才能使生活中的酸辛变成甘露，才能从点滴中获得永远。成功就是每天进步一点点。

然而，现实生活中，总有人把成功归于个人运气的好坏。其实不管是好运气还是坏运气，都会公平地摆在每个人面前。命运从不会特别地关照某一个人，关键看你如何抓住摆在你面前的机会。要明白，比你聪明的人很多，但比你努力，比你勤奋的人不多，每次一点点的放大，最终会带来一场“翻天覆地”的变化。正如数学中，50%×50%×50%=12.5%，而60%×60%×60%=21.6%，每个乘项只增加了0.1，而结果却几乎是成倍增长。每天进步一点点，假以时日，明天与昨天相比将会有天壤之别。

每天努力一点点，不是可望不可及，也不是可遇不可求，每天努力一点点是珍视每一天的生活，珍视每一份收获。在平和的心境下努力过好每一天，在月上枝头时对自己微笑着说，“今天着实没有白过”。用踏踏实实的心理，迎接一个新的早晨。

让你的人生进入递进式的高度

每天进步一点点，说起来简单，但要做到却并不容易，因为任何丝毫的进步都不会从天而降，都不能唾手可得，都必须经过一番艰苦的努力。

第一步，规划。每天进步一点点，需要每天都具体设计，认真规划，既不能急躁，又不能糊弄，更不能作假，因为这不是做给别人看，也不是要跟人交换什么，而是严于律已的人生态度和自强不息的进取精神。具体来说，设定的目标应该具体化和简易化。也就是说刚开始，目标不但要具体，而且要低，容易实现，哪怕是小小的成就也会给我们信心和勇气来慢慢实现后面更大的目标。譬如说学英语，你可以将目标设定为每天背10个单词，当天背了就在当天的表格里写上一个“+”，用以给自己鼓励，之后再逐步增加。

第二步，反省。人就是在不断的反省、检查和总结中才得以进步的，通过反省和总结得出结论，然后再逐步进行改良，这样就会越来越好。例如，你可以把工作、学习和生活分开来反省检查：今天的工作，哪些做得好，要坚持，哪些做的不好，不好在哪里，如何改良；今天的学习，有没有学习，时间利用得怎么样，效率如何，好的要加冕，不好的要改之；今天的生活，对家人，做错了什么，多说了什么，少做了什么，该怎么做才能维持和睦的家庭生活氛围，等等。

第三步，坚持。每天进步一点点，贵在每天，难在每天。要想坚持下去，一个最有效的方式就是将其变成一种习惯。习惯的力量是无穷的，一旦养成一个好的习惯，你就会终生遵循这个习惯，并且从中受益无穷，从而让你的人生进入递进式的高度。在养成习惯的过程中，你要耐得住寂寞，不因收获不大而心浮气躁，不为目标尚远而情疑动摇，而应具有持之以恒的韧劲；还要顶得住压力，不因面临障碍而畏惧退缩，不为遇到挫折而垂头丧气，而应具有攻艰克难的勇气；更要抗得住干扰，不因灯红酒绿而分心走神，不为冷嘲热讽而犹豫停顿，而应有专心致志的定力。

一个人，如果每天都能进步一点点，哪怕是1%的进步，试想，还有什么能阻挡得了他最终达到成功？每天进步一点点，使每一个今天充实而又饱满。每天进步一点点，终将使一生厚重而充实。

世上一切都会给信念让路

每一个人的内在生命里，都潜伏着改变现实环境的力量。这种力量就是我们坚定的信念。

那么，“信念”究竟是什么呢？潜能激发大师安东尼说：“信念，是一个人对于某件事有把握的一种感觉。”当一个人对自己的能力很有把握时，就会对自己的未来充满信心，就能充分发挥想象力，做出好的成绩。也就是说，一个人不管他的身份是怎样的卑微，不管他所处的环境是怎样的恶劣，只要心里怀着一个远大的梦想，并坚持不懈地朝着这个方向努力，总有一天，理想的种子就会冲破一切不利条件的制约，长成参天大树。

一粒苹果种子

在一个向阳的山坡上，长着一棵苹果树。

苹果树上结了很多果子，有一天，飞来一只灰喜鹊，吃了一个苹果，苹果的种子被灰喜鹊吃进肚子里，带到了很远的地方，被抛落在一个荒凉的山坡，那里土壤贫瘠，四周没有一棵树。不过，这粒种子并没有绝望，它心中的梦想是将来子孙成群，拥有一片自己繁衍出来的苹果园。

一阵寒风吹来，苹果种子感到非常冷，它就努力地往泥土里挤一挤，把自己孤独的身体藏在泥土中。下雪了，雪融化之后又变成了冰，这一粒苹果种子被牢牢地冻在了坚硬的土壤里，但是它没有绝望，心里仍然藏着硕果满枝的梦想。

春天来了，这粒种子感到身上的泥土变得暖洋洋，它努力地伸张着自己被包在壳里的胚芽，它不停地伸啊，伸啊，终于有一天，它感到自己眼前一亮，原来，它已经冲破了果壳的束缚，把头探出了地面，看到了一轮明亮的太阳。尽管它的身体是那样的柔弱，但是，种子知道，这已经很好了，因为，它已经朝着自己心中的理想前进了一大步。已经从一粒埋在土里的种子变成了一株幼芽。

这株幼芽在山坡上不知道经过了多少次牛羊的践踏，它伤痕累累的身体一直向上伸展，它的梦想就是要长成为一棵茁壮的苹果树。

几年过去了，这个幼芽终于长成了苹果树，但是这并不是它全部的梦想，只是梦想的一部分。秋天的时候，果实结在枝头上，苹果树用尽了全部的力气，将果实摇落在地上，期待着它们将来也像它一样，从一粒种子变成一棵树。

又不知过去了多少年，这粒种子已经变成了苍老的苹果树，它的子孙已经长满了整个一条山谷。

又一年的春天，一个徒步旅行者来到这里，他被眼前的景色惊呆了，在这人迹罕至的地方，竟然开满了芳香的苹果花。后来，他给这条山谷起了一个美丽的名字："苹果山谷"。

一粒苹果种子都可以装点整个山谷，我们有什么理由妄自菲薄呢？即使你的理想被现实踩进了泥土里，也不要悲伤与哭泣。只要种子还在，就有发芽破土、长大成材的机会。而我们所要做的就是：呵护好我们的种子，照料好它，直至长大，开花、结果。

实际上，没有任何一项伟大的事业不是因为坚定的信念而成功的。信念是一种指导原则和信仰，让我们明了人生的意义和方向。信念像一张早已安置好的滤网，过滤我们所看到的世界；信念像大脑的指挥中枢，指挥我们的大脑照着我们所相信的去看待事情的变化。斯图尔特·米尔曾说过："一个有信念的人所发出来的力量，不亚于99个仅心存兴趣的人。"这也就是为何信念能开启卓越之门的缘故。

当我们真正认识到我们的信念有如此巨大的影响力时，我们也就握有了自由的钥匙。虽然我们不能轻易地改变我们的基因蓝图密码，但我们可以改变我们的想法。可以说，信念是一切奇迹的萌发点。所以，无论何时，我们都不能缺乏信念。就让我们从今天开始，忠于自己内心的驱动，向着美好光芒的未来，一路披荆斩棘。一心朝着自己目标前进的人，整个世界都会为之让路。

积极的信念，带来积极的人生

一个人只有怀有积极的信念，才能获得内心的安全感、优越感，才能迈出坚定的步伐，产生克服万难的力量、技巧和精力，想出解决问题的方法和对策，赢得他人的信赖和支持，最后到达为之奋斗的终点。那么，如何才能建立起积极的信念呢？

一种方法是，通过建立积极的环境在内心建立持久、稳定的积极信念。科学实验证明：积极的环境能影响一个人的记忆力、健康状况、自我评价、智商和年轻度。通常我们可以通过建立激发目标、激发信心和幸福愉悦这三种积极的环境来给自己建立一种积极的信念。

另一种方法是，通过大脑模拟器的方法在内心建立持久、稳定的积极信念。我们可以在大脑中想象某种场景，如成功时的场景、失败时的场景、被拒绝时的场景、努力的场景……通过这种方法，让自己渐渐熟悉陌生的环境，这不但可以让自己增加信心，也能有效缓解在真实情景下的紧张情绪。但是，动用大脑模拟器应注意以下几点：第一，不仅仅是想象美好的结果，还要关注过程；第二，不仅想象情景，还要调动相应的情绪；第三，必须长期坚持不懈地加以想象。

另外，在建立积极信念的同时，你会发现，“自我限制信念”常常会自己跑出来阻挠你。这种自我限制信念就是你潜在能力的“刹车片”，它们让你裹足不前，它们会生发出个人成功的两个最大敌人——怀疑和恐惧。它们让你瘫痪无力，它们会导致你不敢承担心智上的风险——在释放自己潜能所必须承担的风险面前畏缩不前。因此，你必须对自己抱有的自我限制信念不断发起挑战，你必须摒弃自己“能力有限”的任何想法和意念，你必须接受这样一个基本原则：你是个“能力无限”的人，别人能做到的，你同样也能做到。

记住印度圣雄甘地这句话：你的信念成为你的思想，你的思想成为你的话语，你的话语成为你的行动，你的行动成为你的习惯，你的习惯成为你的价值观，你的价值观成为你的命运！

临渊羡鱼，不如退而结网

相信我们每一个人都曾有过美好的梦想。但是，要成功，光有梦想是不够的。正如一位哲人所说：“我们生活在行动中，而不是生活在岁月里。”要改变自己的生活，就要行动起来。光有富有创造力的想法却不积极行动，想法永远只是停留在想法，只有去实践、去探索、去承受失败和挫折，成功才会离自己越来越近。

约翰的祈祷

约翰是个不得志的中年人，他每隔三两天就到教堂里祈祷，而且他的祷告词几乎每次都相同。

第一次他到教堂时，跪在圣坛前，虔诚地低语：“上帝啊，请念在我多年来敬畏您的份上，让我中一次彩票吧！阿门。”

几天后，他又垂头丧气地回到教堂，同样跪着祈祷：“上帝啊，为何不让我中彩票？我愿意更谦卑地服侍您，求您让我中一次彩票吧！阿门。”

又过了几天，他再次出现在教堂，同样重复他的祈祷。如此周而复始，不间断地祈求着。

到了最后一次，他跪着说：“我的上帝，为何您不垂听我的祈求？让我中彩票吧！只要一次，让我解决所有困难，我愿终身奉献，专心侍奉您……”

就在这时，圣坛上空发出一阵宏伟庄严的声音：“我一直垂听你的祷告。可是——最起码，你也该先去买一张彩票吧！”

读来可笑，但是我们又何尝不是如此？生活中，多少人在感叹怀才不遇，多少人在抱怨人生不尽如人意，又有多少人躺在舒服的床上，规划着光明的未来。他们有一个共同点，只是感叹、只是抱怨、只是规划，却不去行动！

俗语说得好：“心动不如行动。”即使有千万种心动的理由，却没有实现愿望的决心，没有实施任何行动，一切就都是镜中花、水中月。而行动，却可以使看起来困难的、复杂的事情变得简单，可以让远在天边的成功变得触手可及。因此，只要自己认为是可行的事，就大胆地去做，用行动来证明。每当憧憬美好的成功时，每当希望自己徜徉于梦想成为现实之中时，就要提醒自己：成功，不仅要心动，更需要行动。没有行动，也就没有梦想之花的绽放；没有行动，也就没有成功的甜蜜与满足。

其实，芸芸众生中，真正的天才与白痴都是极少数，绝大多数人的智力都相差不多。然而，在走过漫长的人生道路后，人们的命运差异很大：有的人成就显著，有的人却碌碌无为。这本是智力相近的一群人，为何他们的成就却有天壤之别呢？原来，成功人士与平庸之辈最根本的差别并不在于天赋，也不在于机遇，而在于有没有实现自己人生目标的行动！

那么，还等什么？请记住：行动远比想法更重要，努力从今天开始。

行动、行动、再行动

事实上，“临渊羡鱼，不如退而结网”的道理人人都懂，不过有很多人还是会找诸如我不行、我不能、时间不够、资金不够、条件没有具备等一大堆借口，而这些借口没有一个是有助于行动的。但是，如果你希望获得成功，就必须排除任何借口，让自己积极行动起来。

首先，不要介意别人的嘴巴和眼睛，行动是你自己的事。毕竟你生活和事业的好坏与否不在别人的嘴巴里，也不在别人的眼睛里。同时，也不要将注意力放在别人是否比自己优秀上，而要专注于自己一点一滴的成长，这样就会离自己内心的期盼越来越近。

其次，勇敢迈出你的第一步。有人说，成功往往就差那一小步，迈出去你的人生或许会因此改变。关键要看你愿不愿意迈出这一步！这无疑是极其精辟的。事实上，你不必担心，也不要低估自己的创意。不要轻视自己的能力，只要肯踏出付诸行动的第一步，再一步一步往前走，就会有成功的希望。

再次，推动自己的精神去做事。有一个幽默大师曾说：“每天最大的困难是离开温暖的被窝走到冰冷的房间。”他说得不错。当你躺在床上认为起床是件不愉快的事时，它就真的变成一件困难的事了。即使这么简单的起床动作，亦即把棉被掀开，把脚伸到地上的自动反应，都可以击退你的决心。那些有好运能成事的人都不会等到精神好的时候才去做事，而是推动自己的精神去做事。

最后，必须让自己马上行动起来。“现在”这个词对成功的妙用无穷，而“明天”“下个礼拜”“以后”“将来某个时候”或“有一天”，往往就是“永远做不到”的同义词。有很多好计划没有实现，只是因为应该说“我现在就去做，马上开始”的时候，却说“我将来有一天会开始去做”。

另外，还要注意，行动一定要持之以恒。为了争取事业成功和美好生活而进行的行动，绝不能“三天打鱼，两天晒网”，而要持之以恒。再慢的蜗牛，只要它坚持不停地爬，最终也会抵达它的目的地。

有时，苦难反而会垫高自己

几乎每一个人都习惯性地期望自己的人生可以一帆风顺：“前进的道路上没有挫折是一件多么幸福的事啊！”但事实上，这是不可能的。人生百年，没有人能够一帆风顺，命运总是在我们前进的路上设下障碍，让我们经历种种苦难。

遭受苦难打击的人，会觉得所有的能量和力气似乎一下子都没有了，剩下的就只有悲伤、失意、绝望以及几乎是压倒人的疲惫不堪和失望渺茫。不过，如果你可以走过去，再回首，就会发现自己走过的路是神圣的，苦难竟是人生中的一笔财富，闪耀着金色的光芒。

诗人的幸福

有一个神仙想要帮助尘世里的人，希望体验到幸福的味道。有一天，他遇见一个农夫。农夫的样子很苦恼，向神仙诉说："我家的水牛刚死了，没它帮忙犁田，我怎能下田作业呢？"神仙就赐他一头健壮的水牛，农夫很高兴，神仙在农夫的身上感受到了幸福的味道。

又有一天，神仙遇见一个男人。这个男人非常沮丧，向神仙诉说："我的钱被骗光了，没盘缠回乡了。"于是神仙给他了一些钱做路费，这个男人很高兴。神仙在这个男人身上也感受到了幸福的味道。

又有一天，神仙遇见一个诗人。这个诗人年青、英俊、有才华而且富有，妻子非常漂亮而温柔，可他却说他过得不快活。神仙问他："你不快乐吗？我能帮你吗？"诗人对神仙说："我什么都有，只欠一样东西，你能给我吗？"神仙回答说："可以，你要什么我都可以给你。"

诗人直直地望着神仙："我要的是幸福。"这把神仙难倒了。神仙仔细想了想，忽然说："我明白了。"然后神仙把诗人所拥有的一切都拿走了——剥夺了诗人的才华，毁掉了他的容貌，夺去了他的财产和他妻子的性命，然后便离去了。一个月后，神仙再回到诗人的身边，看到这个诗人正饿得半死，衣衫褴褛地在躺在地上挣扎。这时，神仙把他原来的一切都归还给了他，又离去了。半个月后，神仙再去看那个诗人。这次，诗人搂着妻子，不住地向神仙道谢——因为，他得到幸福了。

看来，痛苦和幸福并不矛盾，精神上的愉悦正是从苦难的土壤中提炼并升华的。没有苦难的生活，纵使快乐，也不具备厚度—— 一种恒久且内涵丰富的厚度。

事实上，是否能在苦难中积蓄人生，是否能在低谷时铸就生命的辉煌，正是我们与强者的差距所在。我们应该感谢苦难，是它给了我们一个认真思考的机会，使我们终于可以停下来回头看看自己曾经走过的路，哪一步走歪了，哪一步走慢了，哪一步根本没有走稳。

所以，不要再把苦难看成是无法卸掉的重负了。如果没有它，生活就会变得轻如空气，飘飘摇摇没有着落。苦难一方面让你不堪承受，另一方面也让你倍感踏实。这种踏实的感觉，就像是双脚牢牢地踩在土地上，不断从土地中汲取力量。正如我们所知，金子只有经过大火的锤打、冶炼才能熠熠生辉；宝石只有经过溶岩的冶炼才能成就夺目光芒；珍珠只有经过血与肉的痛苦磨合才能拥有晶莹圆润。人与金子、宝石、珍珠其实是一样的——只有在人生的道路上经历痛苦，正视痛苦，在痛苦中成长，才能成为那朵最美的花朵。

那么，我们还有什么理由抱怨苦难呢？是苦难教会我们在失败后永不气馁，总结教训从头再来；是苦难教会我们严谨务实，一步步走向人生的巅峰；是苦难在磨炼我们的同时，使我们的内心更加强大，开拓出属于自己的一片天空。

在苦难中开出娇艳的花朵

不过，现实生活中，很多人在遭遇苦难时很容易丧失奋斗精神，常见的表现便是萎靡不振，自暴自弃。那么，如何才能调整情绪，把最弱的部分转化为最强的优势呢？下面这些建议你不妨一试。

首先，运用逆向思维摆脱不良情绪。你可以想想比自己更为不幸的人，这样，你会发现自己的不幸是那么的微不足道，你的不良情绪很快就会烟消云散。例如，如果你是一个从小丧父的孩子，整天又自卑又痛苦，就会影响你前进的力量。但你有一个非常疼爱你的母亲，你不比那些孤儿好吗？如果你家境一贫如洗，你就想想“寒门出贵子”，穷则思变，穷能锻炼人的意志。你是个人才，在此处难以施展，你就往别处去。如果别处也难走，不妨学学蜗牛，待时而出……总之，不能让消极情绪在心中久驻。

其次，积极乐观地面对苦难。乐观是指面对苦难仍坚信形势和情境必会好转，是让困境中的人不致流于冷漠、无力感、沮丧的一种心态。以保险公司业务员为例，一些乐观测试成绩高的业务员比悲观型的业务员的业绩第一年超出21%，第二年超出57%。在一次次被拒绝后，悲观的人会在心里告诉自己“这一行我干不了，一张保单也别想卖出去”。而乐观的人会告诫自己“可能我的方法不对”或者“不过碰到一个情绪不佳的客户”。只要我们能够以乐观的态度对待命运，命运也就不是那么可怕的东西了。

另外，也要了解适时放弃的重要性。一直以来，执着都被认为是成功者的一种美德。不过，不同于执着却与执着有着同样含义的，还有一个叫“固执”的东西，却是需要坚决摒弃的。一旦得知或者求证你的目标已经铁定不可能成为现实的时候，果断地放下，才能在最终得到“执着”的雅号而不是“固执”的恶谥。

总之，你要记住：“在最黑的土地上生长着最娇艳的花朵，那些最伟岸挺拔的树总是在最陡峭的岩石中扎根，昂首向天。”你所经历的每一次不幸并非是灾难，早年的逆境通常对于今后的人生来说是一种幸运。与困难做斗争是上天给与你的锻炼机会，磨破你稚嫩的双手的同时，也为日后更为激烈的竞争准备了丰富的经验。

谦逊，才能站上新的高度

毛主席有一句名言：谦虚使人进步。苏联苏霍姆林斯基也有一句名言：谦逊为一切美德的皇冠。也就是说，如果一个人想不断进步，想处处招人喜爱，就必须放低自己的姿态。坚决地舍弃荣耀，忘记你正在拥有或曾经拥有过的荣光，才能使自身感到轻松，没有任何压力，才能站在新的高度，去取得更大的成功。

学画的年轻人

很久以前，有一个失望的年轻人千里迢迢来到法门寺，对住持释圆说：“我一心一意要学丹青，但至今没有找到一个能令我心满意足的老师。”

释圆笑笑问：“你走南闯北十几年，真没能找到一个老师吗？”年轻人深深叹了口气说：“许多人都是徒有虚名啊，我见过他们的画，有的画技甚至不如我呢！”释圆听了，淡淡一笑说：“老僧虽然不懂丹青，但也颇爱收集一些名家精品。既然施主的画技不比那些名家逊色，就烦请施主为老僧留下一幅墨宝吧。”说着，便吩咐一个小和尚拿了笔墨砚和一沓宣纸。释圆说：“老僧的最大嗜好，就是爱品茗，尤其喜爱那些造型流畅的古茶具。施主可否为我画一个茶杯一个茶壶？”年轻人听了，说：“这还不容易？”于是调了一砚浓墨，铺开宣纸，寥寥数笔，就画出一个倾斜的水壶和一个造型典雅的茶杯。那水壶的壶嘴正徐徐吐出一脉茶水来，注入到那茶杯中去。年轻人问释圆：“这幅您满意吗？”

释圆微微一笑，摇了摇头说：“你画得确实不错，只是把茶壶和茶杯放错位置了。应该是茶杯在上，茶壶在下呀。”年轻人听了，笑道：“大师为何如此糊涂，哪有茶壶往茶杯里注水，而茶杯在上茶壶在下的？”释圆听了，又微微一笑说“原来你懂得这个道理啊！你渴望自己的杯子里能注入那些丹青高手的香茗，但你总把自己的杯子放得比那些茶壶还要高，香茗怎么能注入你的杯子里呢？涧谷因为低下，而能海纳百川入流，人要把自己放低，才能吸纳别人的智慧和经验。”

只有懂得谦虚的意义，才会得到别人的教诲，才会处处受人喜爱。谦虚，不是自卑，也不是怯弱，它是清醒中的嬗变，是一种处世的大智慧。有时，稍微低一下头，或许我们的人生路会更精彩，我们的能力也会有所长进。

《老子》云：“上善若水，水善利万物而不争。”谦逊地低头默默穿行于自然与万物之间，就会于静默中使万物受惠并折服于她的高尚品德；谦逊，是一种智慧，沉稳的智慧。它让我们清楚自己的长处与弱点、失败与成就，能让我们虚心接受不同的意见，更能让我们扬长避短，不因忌妒之火而吞灭心中的灵光；谦逊，还是以静制动的一种艺术。当我们一时无法用已有的经验判断是非的时候，谦逊是一把钥匙，能打开锈蚀的大门，找到通往智慧灵台的天梯；谦逊，可以让生活的色彩还原为质朴的原色，而这种质朴的原色和质感，不就是我们不懈追求的生活主旨吗？

对于任何一个人来说，谦逊都是一项必不可少的能力和品质。

做一个谦逊的人

不因成功而轻易骄傲，也不因挫折而自甘卑微，时时、事事、处处保持一颗谦逊的心，才能保持不断进取的精神，才能增长更多的知识和才干。因此，即使你需要时间来培育谦逊，但这是值得的。

首先，谦逊，要有厚实的内功做支撑。

做人谦逊内敛不张扬，需要有厚实的内功做支撑，只有一个人的知识、阅历、素质、修养达到足够的积淀时，才能真正做到不说张扬之语，不干张扬之事，不逞张扬之能。

其次，谦逊，要有真诚做基底。

谚语有云：过分的谦虚就是骄傲。在同事相处、朋友交往的过程中虚假的谦逊随处可见。当别人对我们的成就表示祝贺时，我们却往往对自己的成就故意地轻描淡写——“哦，其实没什么”——好像不是因为自身的才干、自身不懈地努力工作才令自己取得如此的成功。其实，如果你想表现得谦虚、内敛，完全不必否定自己，你可以这样说：“谢谢您。对取得的成就，我自己也感到非常自豪，我要把它归功于那些一直帮助我的人。”

再次，谦逊，要常怀一颗平常心。

为人要谦逊，做到不张扬，既要开阔视野，博大胸怀，提升自身的修养，又要常怀一颗平常心，不论在什么情况下，对个人的名利、进退、荣辱，都要看得淡一些，超脱一些，像古人说的那样：“去留无意，看庭前花开花落；宠辱不惊，望天上云卷云舒。”在他们的内心深处蕴藏着勃勃生机和无限活力，处于低谷不颓废，遇到困难不退缩，一帆风顺不得意，成绩面前不炫耀，永远保持着踏踏实实、平平常常、自自然然的生活态度和格调，以成熟、理性、豁达、自重、睿智处世做事。

一个谦逊的人是生活里一道令人心旷神怡的美妙风景。在真实生活中，骄傲没有多少生存的空间。不要等到自己落入平庸和悲惨的境地，才去学习谦逊礼让的美德，到那个时候，这种精神已经变质为自卑和低贱了。只有谦逊的人才能得到快乐，才能得到智慧，才能修身养性，真正成为一个优秀的人。